JN036311

1週間で学べる！
Julia数値計算
プログラミング

Julia Programming for Numerical Computation

A One-week Course

永井佑紀
Yuki Nagai

［著］

講談社

まえがき

　理系学部、特に物理系の学科では、何らかのプログラミングを用いた数値計算を演習としてやることが多いと思います。そのとき、どのようなプログラミング言語が使われているでしょうか。Fortran ですか？　C でしょうか。あるいは C++ でしょうか。最近では Python ということもあるでしょうか。どのプログラミング言語で演習を受けるにせよ独学するにせよ、プログラミングを用いて物理の問題を解くというのはなかなかに敷居が高く、途中で挫折した方も多いかもしれません。その理由の一つとして、「物理の問題を解くのに注力したいのに、それ以外のプログラミング特有の細かいことに時間を取られてコードがうまく書けない」というものがあるのではないでしょうか。物理を記述するための数学に慣れていたとしても、物理を記述するためのプログラミングにはなかなか慣れることができない、そのような理由で自分で数値計算をするのを諦めてしまった方もいると思います。

　本書は、Julia という習得しやすい高速なプログラミング言語を利用することによって、「誰もが気軽に簡単に数値計算を行うことができる」ことを目指して書かれました。どのくらい簡単かを示すため、本書は「1週間で学べる！」と銘打ち、7日間で自分が行いたい数値計算を Julia 言語で実行できるようになることを目的としています。

　Julia は科学技術計算を行うために作られた非常に新しい言語です（2018年にバージョン1がリリース）。Python のように書きやすく習得しやすく、Matlab のように簡単な数学のような記述で線形代数が扱え、Fortran や C のように計算速度が速い言語です。関数電卓のような簡便さで数式をコードに変えることができますから、プログラミング特有の些事に悩まされることなく目の前の物理の問題に注力することが可能です。講義で習った量子力学や統計力学、固体物理学などを手ではなく計算機で解いてみたい学部生や大学院生、実験データを再現するスペクトルなどを理論的に求めたい実験家、ハミルトニアンを解析したい理論家など、物理に関わるあらゆる方が Julia 言語による数値計算の恩恵を受けることができます。

　本書は、物理系の学科の学部生が Julia を独学できるようにという方針で書かれています。しかしながら、前提とする知識は線形代数や微分方程式程度です。量子力学などを知っているとより理解しやすいと思いますが、本書を読む上で物理学の知識は必ずしも必要ありません。物理を習ったことがない方のために、解くべき問題を最初に提示し、その問題を Julia でどのように解くか、という形にしてあります。

　物理学では、「目の前の問題を数式で表現する」ことと「表現した数式を解く」ことという二つのプロセスを踏んで自然を理解しようとします。本書はプログラミング言語に関する本ですので、前者の「数式で表現する」という部分は物理系の専門書を読んで理解してもらうこととして、後者の「数式を解く」をどのように行うかに重点を置いています。学部レベルの講義では得られた数式を手で解く方法を学ぶかと思いますが、本書では手では解かずに Julia による数値計算で解きます。数値計算は手では解けない問題を解くことができ、気軽に問題を解いて遊ぶことができます。様々

な問題を解くことで、その学問の理解がより深まると思います。

本書の使い方

　本書では、1 週間で Julia 言語を使った数値計算ができることを目的にして書かれています。各章では様々なコードがありますが、順番にやっていくことで、最終的には、自分のしたい数値計算を Julia で書いて実行することができるようになるはずです。それぞれのコードはあまり長くはありませんので、一つ一つを打ち込んで実行しながら読み進めることをお勧めします。

　1 日目と 2 日目は Julia の基本的な機能について学び、3 日目は円周率を計算する様々な方法を実装し結果を可視化してみます。ここまでは物理学の知識は全く必要ありません。4 日目は量子力学の問題を解くことで微分方程式を数値的に解く方法について学びます。5 日目は統計力学の問題を解きます。数個の粒子を扱うだけで統計力学が現れることを確認したり、イジング模型をマルコフ連鎖モンテカルロ法で解くことで物質の相転移をシミュレーションしたりします。これらは手計算では扱いにくい乱数の現れる問題で、数値計算によって面白い物理を可視化できる例になっています。6 日目は固体物理学の様々な問題を数値計算で解いてみます。この章は固体物理学の基本的知識があった方がより楽しめるため、固体物理学に関する簡便な説明を最初に付け加えました。ここで紹介した問題を発展させた問題は、固体物理学を理論的に研究する分野である物性理論という分野での最先端の問題となります。最後の 7 日目では、自分で解きたい問題を Julia による数値計算で解くために必要な情報をまとめました。この章を辞書的に参照することで、自分自身が解きたい問題にアタックできるようになるかと思います。

　コードは現時点（2021 年 9 月）での最新安定版であるバージョン 1.6 での動作確認をしています。今後の Julia のバージョンアップによって一部動かなくなるコードがあるかもしれませんが、バージョンが 1 台であれば軽微な修正で動かせるようにできるはずです（バージョン 1.9 までは動作確認済みです）。

1週間で学べる！Julia数値計算プログラミング

目　次

1日目

Julia言語に
触れてみよう

「高級電卓」としてのJulia

**本日
学ぶこと**

- 🗨 Julia のインストール
- 🗨 Julia の実行方法
- 🗨 Julia での電卓的な簡単な計算のやり方

1.1 インストールしてみよう

Julia 言語をインストールするには、オフィシャルのサイト：

https://julialang.org

に行きましょう。そして、「Download」をクリックしダウンロードページへ行きます。執筆時点で最新のバージョンは Julia 1.6.2 ですので、以下は 1.6.2 であるとして進めます。OS ごとにバイナリが用意されていますので、ご自分の OS に合わせたものをダウンロードします。

例えば、

- Windows OS：64-bit（installer）をクリックして指示に従ってインストールします。
- Mac OS：64-bit をクリックし、ダウンロードした dmg ファイルを開き、Julia-1.6 をアプリケーションフォルダにドラッグアンドドロップします。
- Linux OS：ご自分の CPU に合わせてダウンロードファイルを選び、解凍します。例えば Intel 系の CPU であれば、x86 を選びます。

次に、環境変数を設定します。

● Windows OS：インストールした Julia のパスを JULIA_PATH に設定し、PATH=%JULIA_PATH%\bin;%PATH% のように PATH を設定してください。

● Mac OS Catalina 以降：ターミナルを開き、ホームディレクトリにあるファイル .zshrc を開き、export PATH=/Applications/Julia-1.6.app/Contents/Resources/julia/bin:$PATH を追記します。

● Mac OS Catalina 未満：.bashrc を開き上と同様に追記します。

● Linux OS：解凍してできた bin ディレクトリの場所を PATH に追加します（bash であれば Mac と同様に .bashrc に記述します）。

Current stable release: v1.6.2 (July 14, 2021)

Checksums for this release are available in both MD5 and SHA256 formats.

Windows [help]	64-bit (installer), 64-bit (portable)	32-bit (installer), 32-bit (portable)
macOS [help]	64-bit	
Generic Linux on x86 [help]	64-bit (GPG), 64-bit (musl)[1] (GPG)	32-bit (GPG)
Generic Linux on ARM [help]	64-bit (AArch64) (GPG)	32-bit (ARMv7-a hard float) (GPG)
Generic Linux on PowerPC [help]	64-bit (little endian) (GPG)	
Generic FreeBSD on x86 [help]	64-bit (GPG)	
Source	Tarball (GPG)	Tarball with dependencies (GPG)	GitHub

図 1.1 | 自分の OS に合わせてファイルを選びましょう

1.2 実行してみよう

それでは、早速実行してみましょう。Julia を実行する方法には大きく分けて三つありまして、

● 対話型実行環境 REPL を使う
● Jupyter Notebook を使う
● 好みのエディタを使ってコードを編集し実行する

があります。Julia を手軽に使うときは、対話型実行環境 REPL（read-eval-print loop）が便利です。以下には、それぞれの方法について Julia を実行する方法を述べます。

1.2.1 対話型実行環境REPLを使う

ここでは REPL を使った実行方法について解説します。インストールした Julia をダブルクリックして実行するか、コマンドライン（Mac のターミナルなど）で julia と入れることで（コマンドラインで行う場合には前述の環境変数の設定が必要）実行できます。REPL を実行すると、

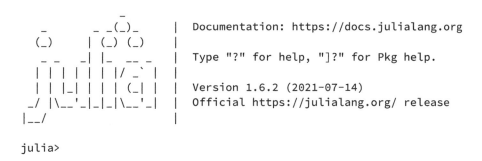

```
                 _
     _       _ _(_)_     |  Documentation: https://docs.julialang.org
    (_)     | (_) (_)    |
     _ _   _| |_  __ _   |  Type "?" for help, "]?" for Pkg help.
    | | | | | | | |/ _` |  |
    | | |_| | | | | (_| |  |  Version 1.6.2 (2021-07-14)
   _/ |\__'_|_|_|\__'_|  |  Official https://julialang.org/ release
  |__/                   |

julia>
```

こんな感じのものが出てきます。これが出てくれば、Julia のインストールは終わっており、いろいろ実行することができます。

　まず初めに、プログラミング言語の定番中の定番、Hello World! を表示させてみます。println("Hello World!") と打った後に、Enter キーを押すと実行できます。実行すると、

```
1 | julia> println("Hello World!")
2 | Hello World!
```

となります。簡単ですね。

　REPL を終了するには、

```
1 | julia> exit()
```

と exit() を入力してください。

1.2.2 | Jupyter Notebookを使う

　次に、Jupyter Notebook を使ってみましょう。Jupyter Notebook は計算と計算結果とグラフなどが一つのファイルとして保存されます。メモや数式、コード、そして実行結果とグラフが一まとめになっていますので、他の人と計算結果を共有する場合には便利です。Jupyter Notebook はウェブブラウザで動作するプログラミング実行環境ですので、OS の違いに依らず同一の操作感でコードを書くことができ、実行と可視化が可能です。Python を使う方にはよく馴染みのあるものかと思います。Jupyter Notebook をインストールするには、まず REPL を実行します。そして] キーを押すと pkg モード:

```
(@v1.6) pkg>
```

になりますので、ここで

```
(@v1.6) pkg> add IJulia
```

とし、IJuliaパッケージをインストールします。Juliaでは、pkgモードで**add**を使うことで、様々な便利なパッケージを簡単に入れることができます。**add IJulia**を行うとインストールに必要なパッケージが自動的にインストールされます。次に、Deleteキーを押してpkgモードを終了します。そして、

```
julia> using IJulia
```

と**using**を使ってパッケージをロードします。これでJupyter Notebookを使う用意ができました。

それではJupyter Notebookを起動してみましょう。**notebook()**でJupyter Notebookを起動できます。

```
1 │ julia> notebook()
```

もしこれまで一度もPythonなどでもJupyter Notebookを使ったことがなく、インストールしたことがない場合、

```
1 │ install Jupyter via Conda, y/n? [y]:
```

と表示されますので、yを入力してJupyterをインストールしてしまいましょう。一連のインストールの後、図1.2のようなものがWebブラウザ上に表示されると思います。ここに見えているのはお使いのPCのディレクトリやファイルです。

図1.2 | Jupyter Notebookの起動時。Webブラウザ上で起動される

　次に右上の「新規」のボタンを押し、「Julia 1.6.2」を選択しましょう。すると、新しいタブに「Untitled」という名前のノートブックが表示されます（図1.3を参照）。

図1.3 | 新しい Jupyter Notebook が立ち上がったときの図

　これで Julia を Jupyter Notebook で使うことができるようになりました。ノートブックの In ［1］などのボックスには直接コードを書くことができます。また、Shift キー＋Enter キーで実行することができます。そして、セルの種類をコードから Markdown に変更すると、Markdown 記法でノートを書くことができます。Markdown 記法では数式を LaTeX 形式で書くことができますので、数式とその説明、プログラムとその結果を混在させたノートを作成することが可能です。Jupyter Notebook の使い方の詳細についてはこの本では述べませんので、他の文献を参考にしてください。

1.2.3 | 好みのエディタを使ってコードを編集し実行する
　これまで、REPL と Jupyter Notebook を使った Julia の実行方法について紹介してきました。環境変数を設定している状態で

```
1 │ julia
```

とすれば REPL が立ち上がりますが、ここで

```
1 │ julia test.jl
```

のような形でファイル test.jl を指定すると、その Julia コードを実行してくれます。Julia のコードの拡張子は .jl を使うことが推奨されています。このような方法を使えば、好みのエディタを使って test.jl を編集し、実行することが可能です。数値計算を行う場合、計算が複雑になってくると計算時間がかかってきますから、このように直接実行することも多いです。
　特にエディタに関して好みがなければ、Julia のコードを編集するエディタとして筆者は Visual Studio Code（VSCode）をお勧めします。このエディタは Microsoft が開発しているフリーのエディタで、軽量で高機能です。

1.3 電卓のように使ってみよう

　では、実際にJuliaで計算してみましょう。ここでは一番手軽な対話型実行環境REPLを使うことにします。前節に従ってJuliaを立ち上げてください。

　まず、1+1は

```
1 │ julia> 1+1
2 │ 2
```

2ですね。足し算や引き算、掛け算や割り算は

```
1 │ julia> 3+5 - 2*4 + 5/3
2 │ 1.6666666666666667
```

のように計算できます。通常の関数電卓のように、掛け算と割り算を優先して計算してくれています。

　割り算に関しては少し注意があります。

```
1 │ julia> 4/2
2 │ 2.0
```

割り算の記号は / ですが、実はもう一つ割り算の書き方があります。÷です。

```
1 │ julia> 4 ÷ 2
2 │ 2
```

この÷記号は、REPL上では \div と打ってからTabキーを押すと入力することができます。あるいはdiv(4,2)とも書けます。そして、4/2の結果は2.0、4÷2の結果は2で多少違いますね。実は、前者は結果が実数で、後者は結果が整数になっています。この場合はほとんど違いはないように思えますが、5/2のときは結果が以下のように変わります。

```
1 │ julia> 5/2
2 │ 2.5
3 │ julia> 5÷2
4 │ 2
```

つまり、5/2のときは実数としての割り算の結果、5÷2は整数としての割り算の結果になっています。5を2で割ったときの商は2です。どのような結果を得たいかによってどちらかを使い分ける

ことになります。なお、割り算の余りの計算は％記号で可能で、例えば、11を3で割った余りは、

```
1  julia> 11 % 3
2  2
```

となります。

もう少し関数電卓でやりそうなことを計算してみます。$3^2 + \sqrt{2}$は

```
1  julia> 3^2 + sqrt(2)
2  10.414213562373096
```

となります。関数電卓的な使い方をしたければ、三角関数や指数関数なども計算したいですね。例えば、$\cos(1.5)e^2$は

```
1  julia> cos(1.5)*exp(2)
2  0.5226811514040275
```

となります。次に、数値計算をやる上で避けては通れない円周率を使ってみましょう。円周率はpiあるいはπで定義されています：

```
1  julia> pi
2  π = 3.1415926535897...
3  julia> π
4  π = 3.1415926535897...
```

ここで、πの入力の仕方ですが、日本語入力であれば「ぱい」と入れて変換して出すことができますし、REPL上では \pi と打ってから Tab キーを押すと入力することができます。これを使うと、

```
1  julia> sin(2π)
2  -2.4492935982947064e-16
3  julia> sin(2*π)
4  -2.4492935982947064e-16
```

と計算できます。このとき、2*π の掛け算の記号 * を省略して 2π と書くことができるのがJuliaの良いところの一つです。掛け算の記号がないと数式のような形に見えて見やすいです。

上の実行結果において、実際は $\sin 2\pi = 0$ なのに -2.4492935982947064e-16 と変な数字が出ていることに気付かれた方もいると思います。これは扱っている実数の精度が倍精度であるために起きたものです。倍精度実数の場合、15桁扱うことができます。多くの数値計算の場合、倍精度実数による計算で十分ですが、もっと桁が欲しいこともあると思います。そのような場合のために

Juliaには任意精度演算が可能な仕組みが実装されています。例えば、

```
1 julia> sin(2*BigFloat(π))
2 -2.1938348819587041534842612527913960421015164730173759023580114339
  84285377026708e-77
```

のようにBigFloatを使うと精度の高い計算をすることができます。
　次に、複素数を扱ってみましょう。複素数は

```
1 julia> 4 + 5im
2 4 + 5im
```

のようにimの記号を虚数の記号として使います。5imでも5*imでも大丈夫です。これを使えば、

```
1 julia> exp(4 + 5im)
2 15.487430560650813 - 52.355491418482046im
```

みたいな計算も簡単にできますね。
　Julia言語では分数を扱うこともできます。分数は1//3のように//という記号を使います。分数の足し算をしたときにはちゃんと有理化した結果を返してくれます。例えば、

```
1 julia> 1//2+1//3
2 5//6
```

のように計算できますし、虚数が含まれていたときも、

```
1 julia> (2+3im)//(4+5im)
2 23//41 + 2//41*im
```

と、ちゃんと有理化してくれます。
　ここまでいろいろな計算を関数電卓のように行ってきました。数値計算で使いそうな基本的な演算について次ページの表1.1にまとめました。Julia言語での計算が数学で書くような形によく似ていることがわかるでしょう。

表 1.1 | 数学での書き方と Julia での書き方の比較

数学での書き方	Julia での書き方
$1+2$	`1+2`
$7-2$	`7-2`
5×4	`5*4`
$8/4$	`8/4`
8 を 4 で割った商	`8÷4` (`div(8,4)` も可)
8 を 3 で割った余り	`8 % 3`
$\sin(0.4)+\sqrt{3}\cos(0.2)$	`sin(0.4)+sqrt(3)*cos(0.2)`
$3^4 e^{-0.2}+\log(0.3)+\log_2(4)+\log_{10}(100)$	`3^4*exp(-0.2)+log(0.3)+log2(4)+log10(100)`
$4+5i$	`4 + 5im`
$4+5i$ の複素共役	`conj(4+5im)`
$\mathrm{Re}(e^{i\pi/3})+\mathrm{Im}(2+3i)$	`real(exp(im*π/3))+imag(2+3im)`
$\dfrac{1}{2}+\dfrac{1}{3}$	`1//2+1//3`
${}_nC_m$	`binomial(n, m)`
$n!$	`factorial(n)`

　最後に、コードに注釈を付けたいときに活躍するコメント機能について述べます。Julia では `#` 記号を使うとその文字以降を無視する機能があります。無視されるので、`#` 以降をコメントを書く場所として使ったり、`#` 以降のコードを無効にしたりできます。例えば、

```
1  julia> (2+3im)//(4+5im) #分数の割り算
2  23//41 + 2//41*im
```

のようにできます。また、`#=` と `=#` で囲まれた領域も無視することができます。ですので、

```
1  julia> (2+3im)//(4+5im) #=
2         分数の割り算
3         割ったらちゃんと有理化される
4         =#
5  23//41 + 2//41*im
```

のように書くことができます。

1.4 変数を使ってみよう

1.4.1 変数の定義

　ここまで、数字を直接代入した電卓のような使い方をしてきました。この節では変数を使ってみます。と言っても、やることはこれまでとほとんど変わりません。例えば、

```
1  julia> a = 4
2  4
3  julia> a^2+2a+2
4  26
```

のように書けます。πのときと同じように、2a、と変数と数字をくっつけることができます。これによってより数式っぽい見た目になりますね。a には以下のように実数を入れたり、

```
1  julia> a = 4.2
2  4.2
3  julia> a^2+2a+2
4  28.04
```

以下のように複素数を入れたりすることが可能です。

```
1  julia> a = 2.3+2im
2  2.3 + 2.0im
3  julia> a^2+2a+2
4  7.889999999999999 + 13.2im
```

Julia では Unicode で文字を取り扱うので、変数として様々なものを使うことができます。例えば、

```
1  julia> りんご=3
2  3
3  julia> みかん=4
4  4
5  julia> りんご+みかん*4
6  19
```

のように、日本語の変数を使うことも可能です。日本語の変数を使うのはあまり実用的ではないかもしれませんが、

```
1  julia> λ=2.0
2  2.0
3  julia> φ=exp(-2/λ)
4  0.36787944117144233
```

のようにギリシャ文字を使えるのは物理系の数値計算での大きな強みです。さらに、Julia の REPL では、ギリシャ文字を簡単に入力できる仕組みも備わっています（Jupyter Notebook でも VSCode でも可能です）。例えば、λ であれば、\lambda と LaTeX のような記法で書き Tab キーを押すことで入力できます。量子力学では Φ や φ も使いますが、これらも \Phi や \varphi と書いて Tab

キーを押せば入力できます。

　変数を使うことで、より複雑な計算ができるようになります。例えば、Julia では

```
1  julia> a = 3
2  3
3  julia> b = 4
4  4
5  julia> c = a*cos(b)
6  -1.960930862590836
7  julia> d = exp(c)
8  0.14072736209474826
```

のように、好きなように好きなだけ変数を定義して使うことができます。そして、変数の「型」（整数か実数か複素数か、など）は自動的に変換してくれます。ここでは、a と b は整数ですが、c と d は実数となっています。なお、Julia は上から順番に実行していきますので、一度も定義したことがない（値を入れたことがない）変数を用いると

```
1  julia> cos(k)
2  ERROR: UndefVarError: k not defined
```

のように、「定義されていません」というエラーが出ます。ですので、もし先に式を作ってから値を入れたいのであれば、2日目で説明する「関数」を使うことになります。

1.4.2 | プログラミング言語と数学の表式との違い：代入と比較

　さて、Julia 言語に限らず様々なプログラミング言語では、数学の表式と異なる挙動を示すものがあります。例えば、

```
1  julia> a = 4
2  4
3  julia> a = a +3
4  7
```

を見てください。一つ目は a という変数に 4 を入れているだけですので、数学の表式と変わりません。一方、a = a +3 は数学の式と考えると「a は a+3 と等しい」と述べているわけですから、どんな a を持ってきても式は成立しません。Julia 言語においては、a = a +3 は「左辺の a に右辺を代入する」という操作を表します。つまり、右辺の a は 4 ですので、4+3 = 7 が左辺の a に代入され、変数 a の値は 7 となります。このように、Julia 言語（あるいは多くのプログラミング言語）では、等号 = は「右辺の値を左辺に代入する」という意味を持ちます。言い換えると、「右辺で何らかの計算を行った後、その値を左辺に代入する」ということです。ですので、左辺と右辺を逆にすると、

```
1 │ julia> a+3 = a
2 │ ERROR: syntax: "3" is not a valid function argument name around
    │ REPL[4]:1
```

のようにエラーが出ます。これは、等号が代入の演算子であるために、「$a+3$ という式は変数ではないので代入できない」というエラーを返しています。

　左辺の変数を更新する、ということをはっきりと意図したい場合には、

```
1 │ julia> a = 4
2 │ 4
3 │ julia> a += 3
4 │ 7
```

のように更新演算子 += を使うことができます。これを使うと、a に 3 を加えることがよりわかりやすくなっていますね。更新演算子は他にも -=、*=、/=、÷=、%= などがあります。

　数学の表式のように等号を使いたい場合もあると思います。その場合は

```
1 │ julia> a = 4
2 │ 4
3 │ julia> a == a +3
4 │ false
```

のように、== を使います。このとき、もし式が成り立っていれば true、成り立っていなければ false となります。比較の演算子は等号の他にも色々ありますが、Julia では比較的直観的な形で書くことができます。比較に関する基本的な演算子を表1.2にまとめました。また、

```
1 │ julia> a = 3
2 │ 3
3 │ julia> b = 5
4 │ 5
5 │ julia> a < b <10
6 │ true
```

のように比較の演算子は連結して使うことができますので、数学そのままの表式を使うことができます。比較の演算子を使った場合にはその結果は true や false となります。これら true や false はそのままではあまり使い道がないような気がしますが、2日目以降に登場する条件分岐（if文）を扱うときにはよく登場します。

表 1.2 | Julia での比較に関する演算子

演算子	意味
x == y	等価演算子
x != y, x ≠ y	不等価演算子（\ne で入力可能）
x < y	小なり演算子
x <= y, x ≤ y	小なりイコール演算子（\le で入力可能）
x > y	大なり演算子
x >= y, x ≥ y	大なりイコール演算子（\ge で入力可能）
x && y	論理積（x と y が両方 true のとき true を返す）
x || y	論理和（x と y の少なくとも一つが true のとき true を返す）

Column　**Julia での変数の「型」**

Julia では変数 a の型を明示的に示さずに変数 a を定義します。

C 言語や Fortran を使ったことがある方はこの方法に少し違和感があるかもしれません。というのは、通常それらのプログラミング言語では変数の「型」を指定する必要があるからです。例えば、変数 a を使用するためには、C 言語では int a;、Fortran では integer::a のような「型宣言」をします。Julia では、Python と同様に、明示的に型を指定する必要はありません。入れた値によって最適な型が自動的に推測され決定されます。変数の型がどうなっているかを見るには、

```
1  julia> a = 4
2  4
3  julia> typeof(a)
4  Int64
5  julia> a = 4.2
6  4.2
7  julia> typeof(a)
8  Float64
9  julia> a = 1.2 + 2.1im
10 1.2 + 2.1im
11 julia> typeof(a)
12 ComplexF64 (alias for Complex{Float64})
```

のように typeof を使います。それぞれ、64bit 整数、64bit 浮動小数点型実数、64bit 複素数です。

1.4.3 | 文字列型変数

変数には様々な種類があります。上述したような数字の他には、文字列があります。文字列は、結果をファイルに出力するときのファイル名を指定するとき、何かのメッセージを出力するとき、

あるいはデータをファイルから読み込むときなど、様々な場面で使うことがあります。文字列は Julia では String 型と呼ばれており、定義するには

```
1 julia> a = "testfile"
2 "testfile"
```

とします。ダブルクォーテーション " でくくることで文字列になります。なお、文字列を表示させたいときは、冒頭で Hello World! を出力したときと同じで、

```
1 julia> println(a)
2 testfile
```

を使います。

　二つの文字列を繋げたいときもあるでしょう。そんなときは、

```
1 julia> a = "testfile"
2 "testfile"
3 julia> b = ".dat"
4 ".dat"
5 julia> c = a*b
6 "testfile.dat"
```

のように、* を使います。Python などでは + 記号を使うのですが、Julia では積の記号 * を使います。これは、文字列の連結の操作は非可換であることが理由でして、

```
1 julia> d = b*a
2 ".dattestfile"
```

のように、a*b と b*a が異なる結果になるからだそうです。

1.4.4 ｜ 変数の出力

　数値計算の結果を出力するときには、変数の値を出力する必要があります。結果をファイルに書き出す方法については後述するとして、ここでは画面に出力する方法について述べます。

　画面の出力には println 関数を使います。この関数は変数を入力にするとそのままその値が出力されます。例えば、

```
1 julia> a = 3
2 3
```

```
3  julia> println(a)
4  3
```

のように、変数 a を入れるとその値が出力されました。複数の変数を出力するには、

```
1  julia> b = 4
2  4
3  julia> println(a,"\t",b)
4  3       4
```

のようにします。ここで、\t は Tab 記号です。ですので、"a[Tab]b" のような形で出力されました。もし、"\t" なしで a,b と並べると、

```
1  julia> println(a,b)
2  34
```

と数字がスペースなしでくっついてしまいます。これだと見にくいですね。そのため、上の例では Tab 記号を挿入しました。println 関数はいくらでも入力を入れることができて、

```
1  julia> println(a,"\t",b,"\t",b^2,"\t",b^3,"\t",b^4)
2  3       4       16      64      256
```

ということも可能です。これは Tab 記号も含めて 9 個の入力が入っています。

毎回 Tab 記号を入れるのは面倒ですし、文章などの途中に変数の数字を入れるのに、

```
1  julia> println("aの値は",a,"ですが、bの値は",b,"となり")
2  aの値は3ですが、bの値は4となり
```

のようにカンマ "," で区切って書くのも少し見にくいです。Julia にはこれを解消する方法が用意されています。文字列の中に変数を埋め込めばよいのです。Julia ではこれは簡単にできます。例えば、

```
1  julia> a = 3
2  3
3  julia> println("a = $a")
4  a = 3
```

のように、文字列の中に $ マークを使うとその文字は変数として扱われ、値が出力されます。
さらに、

```
1  julia> println("b = $(a+3)")
2  b = 6
```

のように、$マークの後に括弧をつけると、数式を入れることもできます。この場合には、a+3という値の計算結果が出力されています。

　計算した値を出力する操作としては、とりあえずここまでわかっていれば数値計算では困りません。値をファイルに出力する方法については7日目に詳しく述べますが、ここでは、

```
1  julia> fp=open("test.txt","w")
2  IOStream(<file test.txt>)
3  julia> println(fp,"hello world")
4  julia> close(fp)
```

とprintlnの最初の引数にfpをつければ書き出せるとだけ覚えておいてください。より詳しいデータの入出力については7日目に説明します。

2日目

数式をコードに してみよう

Julia言語の基本機能

本日 学ぶこと

- ☞ 関数：function
- ☞ 条件分岐：if 文
- ☞ 繰り返し処理：for 文と while 文
- ☞ 配列：行列とベクトル
- ☞ 型と多重ディスパッチ
- ☞ ライブラリの使用方法
- ☞ 記号を扱う方法

　1日目には、関数電卓でもできるような計算をしてきました。2日目には、数学をプログラムとして表現する方法について学びます。

2.1 関数を作ってみる：function

　物理のシミュレーションでは数学を使います。つまり、物理学で出てくる数学を Julia でどう表現するかがわかれば、Julia でのシミュレーションができるようになるはずです。

　これまで、三角関数 sin や cos、指数関数や対数関数を使って値を計算していました。ここでは、自分で定義した関数を使う方法について学びます。

2.1.1 シンプルな書き方

　以下のような関数を考えてみます：

$$f(x) = \cos(x) + 2\sin(2x^2)$$

これを Julia で書くと、

```
1 | julia> f(x)=cos(x)+2sin(2x^2)
2 | f (generic function with 1 method)
```

となります。非常にシンプルですね。ほとんど数式と同じです。

　2行目のメッセージ「f (generic function with 1 method)」は、「f という関数を定義しましたよ、f という関数は1種類ありますよ」という意味です。多くのプログラミング言語であれば、今fを定義したのですからfは1種類であることは当然のように思いますが、Julia の場合、fを何種類も定義できます。この仕組みを多重ディスパッチと呼び、Julia の多彩な表現力を支える重要な仕組みです。多重ディスパッチについての詳細は、2.5 節で後述します。

　この定義した関数を使いたければ、

```
1 | julia> f(1)
2 | 2.358897159519503
3 | julia> c = 4
4 | 4
5 | julia> f(c)*f(c)+log(f(c))
6 | -0.5984759777890166
```

のように、ただそのまま数字を入れればよいです。これまで使ってきた sin 関数や指数関数と同じですね。自前の関数を定義し、それを使って値を計算することができます。また、

$$g(x) = \exp(ix)f(x)$$

のように新しい関数を定義することも可能で、

```
1 | julia> g(x) = exp(im*x)*f(x)
2 | g (generic function with 1 method)
3 | julia> g(3)
4 | 2.467028622018356 - 0.35166640173401575im
```

となります。g(x) の x を通常、引数と呼びますが、引数 x には基本的に何を入れてもよく、

```
1 | julia> g(2*im+2)
2 | -1.0935244870665092e6 - 500459.97540386696im
```

のように複素数を入れることもできます。

　さて、$f(x)$ は x にのみ依存した関数ですが、他の変数に依存した関数を考えることもできます。例えば、

$$f(x, y) = \cos(x) + 2\sin(2y^2)$$

のように x と y に依存した関数を考えます。これも

```
1 julia> f(x,y)=cos(x)+2sin(2y^2)
2 f (generic function with 2 methods)
```

のようにほとんど数学の数式と同じように定義できます。ここで、関数の名前をあえて先ほどと同じ名前 f にしました。つまり、f(x) と f(x,y) という同じ名前で引数の数が異なる関数が定義されています。物理においては、波動関数 $\psi(x)$ や $\psi(x,y)$ などのように同じ物理的対象に対して引数の数が異なる場合はよくあります。Julia では、異なる引数の数の同じ名前の関数を定義することができます。つまり、実際に使うときには、

```
1 julia> f(x,y)=x+y
2 f (generic function with 1 method)
3 julia> f(x) = cos(x)
4 f (generic function with 2 methods)
5 julia> f(1)
6 0.5403023058681398
7 julia> f(2,3)
8 5
```

のように、引数の数に応じて別に定義された関数が呼ばれています。そして、「f（generic function with 2 methods）」というのは、「f という名前の関数が二つあるよ」ということを意味しています。何個 f が定義されているかは、

```
1 julia> f
2 f (generic function with 2 methods)
```

で調べることができます。

2.1.2 | 標準的な書き方

　上述したシンプルな書き方は非常にシンプルで、数式との類似性も良く、コードがすっきりします。しかし、数値計算では複雑な計算を行うこともあります。例えば、

$$x = \cos\theta$$

$$y = \sin\theta$$

$$R(x, y) = \frac{y}{\sqrt{x^2 + y^2}}$$

$$f(\theta) = \exp[R(x(\theta), y(\theta))]$$

という関数 $f(\theta)$ を計算したいとします。シンプルな書き方を使えば、それぞれの関数を定義していけば

```
1  julia> x(θ) = cos(θ)
2  x (generic function with 1 method)
3  julia> y(θ) = sin(θ)
4  y (generic function with 1 method)
5  julia> R(x,y) = y/(sqrt(x^2+y^2))
6  R (generic function with 1 method)
7  julia> f(θ) = exp( R(x(θ),y(θ)))
8  f (generic function with 1 method)
```

のように関数 f を定義して計算することが可能です。このようなやり方でも計算を行うのに問題はありませんが、少し冗長な感じがしませんか？　特に、x や y、R の関数は途中でしか出てきませんし、あえて関数にして定義する必要はないかもしれません。そんなときは、

```
1  julia> function f(θ)
2             x = cos(θ)
3             y = sin(θ)
4             R = y/sqrt(x^2+y^2)
5             return exp(R)
6         end
```

としてみましょう。これが Julia で標準的な書き方です。関数 f は θ の関数で、入力として θ を入れると内部で x や y、R を計算して、最後に値として exp(R) を出力しています。ここでは、x や y や R を関数として定義するのではなく、変数として定義しています。これの利点は見た目が見やすくなっていることの他に、x や y や R は別の場所で使い回せる、ということもあります。x や y や R は「function f の中で定義された変数」ですので、その外でたとえ x や y が定義されていても全く関係がありません。例えば、

```
1  julia> x = 2
2  2
3  julia> function f(θ)
4             x = cos(θ)
5             y = sin(θ)
6             R = y/sqrt(x^2+y^2)
7             return exp(R)
8         end
9  f (generic function with 1 method)
10 julia> f(0.1)
11 1.1049868303316892
```

```
12  julia> x
13  2
```

を見てください。最初、x という変数に 2 を入れました。その後 f(0.1) という計算をしています
ので、関数 f の中では x=cos θ という値が入っているはずです。しかし、その後に x の中身を見
てみると 2 になっています。このように、関数の中で定義した変数がたとえ外で定義した変数と同
じだとしても、互いに影響を及ぼしません。これのおかげで、関数 f が独立になっており、デバッ
グするときはその関数だけを見ればよくなります。

2.1.3 | returnの省略
　Julia では return 文を省略することができます。
　つまり、上記の関数は

```
1  julia> function f(θ)
2                  x = cos(θ)
3                  y = sin(θ)
4                  R = y/sqrt(x^2+y^2)
5                  exp(R)
6         end
```

と書くことができます。function では、実行された最後の行の値が戻ってきます。return 文を
つけるかつけないかはどちらでもよく、見た目の綺麗さでは return がない方がいい場合もある
でしょうし、はっきりと何が返ってくるかわかる方がいいという場合もあるでしょう。

2.1.4 | オプショナル引数
　関数の引数の数は何個でも入れることができますが、全ての引数を毎回指定することは面倒かも
しれません。そのような場合には、オプショナル引数が便利です。例えば、

```
1  julia> function f(x,a=2)
2              return a*x
3         end
4  f (generic function with 2 methods)
```

とイコール = を使って値を入れておくと、引数のデフォルトの値を決めておくことができます。
上で定義した関数であれば、a=2 がデフォルトの値ですので、

```
1  julia> f(3)
2  6
```

とデフォルトでは 2x が返ってきますが、

```
1  julia> f(3,4)
2  12
```

とすれば 4x の値を返すことができます。数値計算では、何らかの計算の収束因子の値をデフォルト値にすると便利かもしれません。

　オプショナル引数の他には、キーワード引数 f(x;a=2) というセミコロン ; で区切ってデフォルトの値を入れる引数もあります。キーワード引数の場合には、呼び出し時は f(x,a=2) のようにします。7日目に違いについて述べます。

2.1.5 │ 引数と戻り値

　Julia での関数には、引数と戻り値という概念が大切です。引数とは、f(θ) の θ です。つまり、入力ですね。戻り値とはこの関数では return exp(R) での exp(R) のことです。つまり、出力です。関数とは、入力を入れ出力をもらう、という機能だと覚えておいてください。入力で入れた引数の値を変更して返すような場合もありますが、それは配列操作について学んだときにまた述べることとします。引数は複数取ることができますし、戻り値も複数取ることができます。つまり、

```
1  julia> function g(x,y)
2             return x+y,x-y
3         end
4  g (generic function with 1 method)
5  julia> a,b = g(2,3)
6  (5, -1)
7  julia> a
8  5
9  julia> b
10  -1
11  julia>
```

のように、自分の好きなだけ引数を入れることができ、好きなだけ戻り値を返すことができます。

2.1.6 │ 戻り値とTuple（タプル）

　上で定義した g(x,y) は複数の戻り値を返す関数です。ここで、呼び出す際に 1 変数のみに代入させるとどうなるでしょうか？　実際にやってみましょう。関数は上で定義されているとすると、

```
1  julia> a = g(3,2)
2  (5, 1)
```

となります。(5, 1) と括弧で囲まれた値が出てきました。このように、(と) で囲まれた変数の

集まりを「Tuple（タプル）」と呼びます。タプルの中には数字以外も入りますので、

```
1 │ julia> b = ("test",100)
2 │ ("test", 100)
```

というものを作ることができます。タプルの中に入っているそれぞれの変数を取り出したい場合には、何番目に入っているかを指定し、

```
1 │ julia> a[1]
2 │ 5
3 │ julia> a[2]
4 │ 1
5 │ julia> b[1]
6 │ "test"
7 │ julia> b[2]
8 │ 100
```

とすればよいです。あるいは、

```
1 │ julia> a1,a2 = a
2 │ (5, 1)
3 │ julia> a1
4 │ 5
5 │ julia> a2
6 │ 1
```

のように書くこともできます。実は、a1,a2 のような書き方はタプルの括弧を省略しているだけでして、

```
1 │ julia> (a1,a2) = a
2 │ (5, 1)
3 │ julia> a1
4 │ 5
5 │ julia> a2
6 │ 1
```

とも書けます。つまり、関数の戻り値として return x+y,x-y と書いた意味は、戻り値としてタプル (x+y,x-y) を指定していることになります。

　タプルと類似のものに [と] で囲まれた「配列」があります。配列については次節以降で詳しく述べます。タプルと配列の最大の違いは、タプルは変更不可能ということです。つまり、一度作ったタプルの中身を変更しようとしても

```
1 | julia> a[1] = 4
2 | ERROR: MethodError: no method matching setindex!(::Tuple{Int64,
  | Int64},
3 |  ::Int64, ::Int64)
```

とエラーが出ます。変更が不可能ということは絶対に変更されないことを意味していますので、その性質を利用して Julia はコードを最適化してくれます。用途に応じてタプルと配列を使い分けるとよいでしょう。

Column ｜ 関数と最適化

　関数 function は複雑な計算を一まとめにしてくれるという意味で非常に重要ですが、Julia では別の意味でも重要です。それは最適化です。

　Julia は Fortran や C 言語とは異なり、書いたコードをコンパイルするという作業が必要ありません。Python のように、コンパイル作業なしに直接実行することができます。通常、コンパイル作業のないプログラミング言語（BASIC、Bash、Python など）の多くはコンパイルをするプログラミング言語（Fortran や C 言語など）よりも計算実行速度が遅いです。これは、コンパイル作業時に必要な最適化があらかじめ行われることにより、高速なコードが生成されるからです。一方、Julia は、見た目は Python のようですし、実行方法も Python のようにそのまま実行しているように見えます。しかし、Fortran や C 言語に劣らない計算実行速度でコードが実行されます。その秘密は、実行時コンパイル（JIT：just in time）の仕組みにあります。Julia はコードを実行中に適宜コンパイルして実行しているのです。そのため、1回目の関数の呼び出しには多少のオーバーヘッドがかかりますが、2回目以降同じ関数を呼び出す場合にはコンパイル済み・最適化済みのコードが呼ばれ、高速に実行できます。

　したがって、まとめられる計算は一まとめに関数にしてしまうことは、コードの整理にも計算実行速度改善に役に立つわけです。

2.1.7 ｜ パイプライン演算子

以下のような関数

$$T_n(x) = \cos(n \arccos(x))$$

を計算したいとします。このとき、

```
1 | julia> T(n,x) = cos(n*acos(x))
```

とするのが標準的な書き方です。そして、

$$G_n(x) = \exp(\cos(n \arccos(x)))$$

のように複雑な場合も

```
1 | julia> G(n,x) = exp(cos(n*acos(x)))
```

のように定義することができます。Julia では、このような入れ子構造の関数を簡潔に書くための手法として、パイプライン演算子 |> というものが使えます。$T_n(x)$ の場合は、

```
1 | julia> T(n,x) = n*acos(x) |> cos
```

$G_n(x)$ の場合は、

```
1 | julia> G(n,x) = n*acos(x) |> cos |> exp
```

と書けます。このコードの読み方ですが、|> の左の結果が |> の右の引数になる、というものです。右側の関数の引数は一つしか取れないという条件はありますが、実際の計算の処理の順番にコードを書けるのは場合によっては見やすくなります。

2.2 条件分岐をしてみる : if 文

さて、条件分岐があるようなもう少し複雑な関数を考えてみましょう。例えば、

$$f(x) = \begin{cases} 0 & x < 0 \\ x & x \geq 0 \end{cases}$$

という関数を考えてみます。この関数は機械学習分野では ReLU（Rectified Linear Unit）関数と呼ばれています。この関数は複雑な関数ではありませんが、場合分けされていることが特徴的です。この関数は x の値によって挙動が変わっています。このような挙動を再現するには、if 文を用います。Julia での if 文は、

```
1 | julia> x = 3
2 | 3
3 | julia> if x > 4
4 |          y = 3
5 |        elseif x < 0
6 |          y = 30
7 |        else
8 |          y = 10
9 |        end
```

```
10 | 10
```

こんな感じです。1日目に登場した比較に関する演算子「< や ==」などを使うことで、「もしその条件に当てはまった場合」および「当てはまらなかった場合」についての挙動を記述することができます。elseif は複数の場合分けをしたいときに使います。比較に関する演算子はどれも使うことができるために、

```
1 | julia> if x > 0 && x < 10
2 |            y = 5
3 |        end
4 | 5
```

のように && を使うことで「かつ」を表現でき、|| を使うことで「または」を表現できます。1日目で述べたように、比較の演算子は複数連結させることができるので、

```
1 | julia> if 0 < x < 10
2 |            y = 5
3 |        end
4 | 5
```

と、数学での不等号のように並べることも可能です。

　この if 文を関数の中で用いれば、

```
1  | julia> function ReLU(x)
2  |            if x < 0
3  |              zero(x)
4  |            else
5  |              x
6  |            end
7  |        end
8  | ReLU (generic function with 1 method)
9  | julia> ReLU(1)
10 | 1
11 | julia> ReLU(-4)
12 | 0
```

と書くことができます。ReLU 関数の定義そのままの形で書くことができました。なお、zero(x) は x の型でのゼロを返す関数です。つまり、x が整数の場合は整数の 0、実数の場合には実数の 0 を返します。zero(x) と書かずに 0 と書いてもいいのですが、if 文の条件が何であれ返る型が同じ方がよりコードが高速化されます。

2.2.1 | ifelse関数

上記の ReLU 関数を一番簡単に表現してみると、

```
1 │ ReLU(x) = ifelse(x<0,zero(x),x)
```

となります。ここで、**ifelse** という関数を使っています。この関数は **if** 文と同じ働きをしていまして、最初の条件式が **true** なら2番目、**false** なら3番目が返ってくる関数です。この **ifelse** は通常の **if** 文より高速でして、大量に呼び出す場合にはこちらを使うことで計算速度の向上が見込めます。しかし、一つだけ注意しておかなければならない点があります。**if** 文を使って以下のようなコードを考えてみます。

```
1 │ julia> x = -3
2 │ -3
3 │ julia> if x > 0
4 │           sqrt(x)
5 │       else
6 │           x
7 │       end
8 │ -3
```

これは $x > 0$ のときのみ $\sqrt{x}$ を返し、それ以外の場合には x を返すコードです。$x = -3$ を入れていますので、後者が使われ -3 が返ってきています。一方、**ifelse** 関数を使った場合、

```
1 │ julia> ifelse(x > 0,sqrt(x),x)
2 │ ERROR: DomainError with -3.0:
3 │ sqrt will only return a complex result if called with a complex
  │ argument.
4 │ Try sqrt(Complex(x)).
```

とエラーが出ます。これは、**ifelse** 関数はあらかじめ返り値を評価するからです。つまり、$\sqrt{x}$ と x の両方を計算しておいて条件に合致する方を選んでいます。ですので、$\sqrt{-3}$ を計算してエラーが出ています。**ifelse** 関数を使うときには、どちらの返り値が返ってきても大丈夫なように書く必要があります。また、両方を評価してしまうために、返り値で関数を呼び出して複雑な計算をさせる場合には通常の if 文の方が高速です。物理系の数値計算であれば、**ifelse** 関数は周期境界条件を課すとき：

```
1 │ julia> ix = 10
2 │ 10
3 │ julia> jx = ix + 1
4 │ 11
5 │ julia> jx += ifelse(jx > 10,-10,0)
```

```
6 | 1
```

などに役に立つと思います。

2.2.2 | 三項演算子

ifelse 関数のように一文で書きたいけれども一つの返り値だけ評価してもらいたいときには、三項演算子を使うことができます。例えば、先ほどの $\sqrt{x}$ の例であれば、

```
1 | julia> x = -3
2 | -3
3 | julia> x > 0 ? sqrt(3) : x
4 | -3
```

と書くことができます。「条件式 ? true のときの処理 : false のときの処理」という形で使います。if 文を使うのが冗長に思える場合に、コードを短くすっきりさせるのに使うとよいかもしれません。

2.3 | 繰り返し計算をしてみる：for 文

次は以下の数式をコードにしてみましょう。

$$f(r) = \sum_{i=1}^{n} r^{i-1}$$

これは等比級数の和ですので、この和は簡単に計算できて $f(r) = (1-r^n)/(1-r)$ という形になります。ここでは等比級数を考えたので和の値を解析的に書き下すことができましたが、一般的な級数の和は、書けるとは限りません。そのような場合には数値計算は有力です。

Julia では繰り返し計算には for 文を用います。以下のコードを見てください。

```
1 | julia> function f(r,n)
2 |            a = zero(r)
3 |            for i=1:n
4 |                a += r^(i-1)
5 |            end
6 |            return a
7 |        end
8 | f (generic function with 1 method)
```

このコードが上の数式を Julia で書いたものです。数式での $\sum$ 記号は $i=1$ から $i=n$ まで順番に計算してそれぞれを足した和を意味しています。コードでは for 文を使って同じことを行っています。計算結果はもちろん、

```
1  julia> f(0.5,10)
2  1.998046875
3  julia> fanalytic(r,n) = (1-r^n)/(1-r)
4  fanalytic (generic function with 1 method)
5  julia> fanalytic(0.5,10)
6  1.998046875
```

解析的に書いた和の公式と同じになっていますね。

　for 文の使い方は簡単です。上の例では for と書かれた次に書かれている i=1:n は「i は 1 からら n まで」という意味になります。物理で使うような数値計算ではこの書き方さえ覚えておけば困りませんが、以下のような書き方もできます。

```
1  julia> for i in 1:10
2             println("i = $i")
3             end
```

この場合、for i in 1:10 は「1:10 という塊の中から順番に i を取り出す」という意味になります。for i=1:10 と完全に同じ意味です。なぜ同じものが二通りの書き方で書けるのでしょうか？それは、Julia では for 文では様々なものから順番に取り出すことができるからです。例えば、タプルの説明のときに登場したタプル b を用いると、

```
1  julia> b = ("test",100)
2  ("test", 100)
3  julia> for i=b
4             println(i)
5             end
6  test
7  100
```

のようにタプルの中を順番に取り出すことができます。これは for i in b でも可能です。このようなタプルの場合は in の方が取り出している感じがしてわかりやすいように思います。つまり、二通りの書き方のうち自分にとってわかりやすい方を使えるようになっているわけです。

　また、実は、1:10 はタプルと同じようにひとかたまりの「1 から 10 まで」を意味する値です。つまり、変数として

```
1  julia> ran = 1:10
2  1:10
```

```
1  julia> a = 0
2             for i in ran
```

```
3           a += i
4        end
5 julia> a
6 55
```

ということも可能です。このように考えると、for i=1:10 は for 文の「1 から 10 まで繰り返す構文」とみなす必要はなく、「1 から 10 まで 1 ずつ増加させた数字の集まりから順番に i を取り出す」と言い換えることができます。つまり、「1 から 10 まで 1 ずつ増加させた数字の集まり」の部分を変更すればいくらでも for ループのカウンターの数え方を変えることができます。例えば、

```
1 julia> ran2 = 1:2:10
2 1:2:9
3 julia> ran3 = 1:2.5:10
4 1.0:2.5:8.5
```

のように、1:2:10 は「1 から 10 まで 2 ずつ増加させた数字の集まり」となり、1:2.5:10 は「1 から 10 まで 2.5 ずつ増加させた数字の集まり」となります。

このようなコロン : を使った数字の集まりは

```
1 julia> range(1,10,step=2.5) == 1:2.5:10
2 true
```

のように、関数 range の省略形です。range を使うともう少し細かな指定ができます。例えば、「1 から 10 まで等間隔に 12 点集めた数字の集まり」であれば、range(1,10,length=12) となります。

物理系の数値計算では関数 $f(x)$ の各 x での値を知りたいことがあると思います。このようなときには、

```
1 julia> xs = range(0,2pi,length=10)
2 0.0:0.6981317007977318:6.283185307179586
```

で 0 から 2π までの 10 点の数字の集まりを定義して、

```
1 julia> for i=1:10
2           println("cos($(xs[i])) = ",cos(xs[i]))
3        end
4 cos(0.0) = 1.0
5 cos(0.6981317007977318) = 0.766044443118978
6 cos(1.3962634015954636) = 0.17364817766693041
7 cos(2.0943951023931953) = -0.4999999999999998
8 cos(2.792526803190927) = -0.9396926207859083
```

```
 9  cos(3.490658503988659) = -0.9396926207859084
10  cos(4.1887902047863905) = -0.5000000000000004
11  cos(4.886921905584122) = 0.17364817766692997
12  cos(5.585053606381854) = 0.7660444431189778
13  cos(6.283185307179586) = 1.0
```

と表示させることができます。ここで、変数 xs の i 番目の要素を取り出すために xs[i] を用いました。タプルのときに要素を取り出す場合と同じですね。次節以降で登場する配列でもそうですが、Julia では何らかの要素を取り出すときはいつも xs[i] のような形になります。また、$(xs[i]) は、1日目の文字列変数で説明した書き方で、文字列の中に変数の値を埋め込みたいときに使う $ マークを使いました。for 文の記法と range の使い方の例については、表2.1 と表2.2 にまとめました。

表 2.1 | for 文の記法の例

記法	概要
for i =1:10	i=1 から 10 まで繰り返す
for i in 1:10	for i =1:10 と等価
for i =1:2:10	i=1 から 10 まで 2 ずつ進みながら繰り返す
for i in a	a の中身を一つずつ順番に取り出してそれを i に代入して繰り返す
for i in range(0,2pi,length=10)	0 から 2π までを 10 等分して i に代入して繰り返す

表 2.2 | range 関数の使用例

記法	概要
range(1,stop=10)	1:10 と等価
range(0,1,length=10)	0 から 1 まで 10 等分した 10 個の数値の集まり
range(0,10,step=2)	0 から 2 ずつ増やしていって 10 を超えない数値の集まり
range(0,step=2,length=10)	0 から 2 ずつ増やしていった 10 個の数値の集まり

定義した数値の集まりが具体的にどのような値になっているかを見るには、

```
 1  julia> collect(xs)
 2  10-element Vector{Float64}:
 3   0.0
 4   0.6981317007977318
 5   1.3962634015954636
 6   2.0943951023931953
 7   2.792526803190927
 8   3.490658503988659
 9   4.1887902047863905
10   4.886921905584122
11   5.585053606381854
12   6.283185307179586
```

のように、collect 関数を使えばわかります。

2.3.1 | 計算の例：松原振動数の和

それでは、ここまでの知識を使って簡単な計算をしてみましょう。計算するのは

$$g(x, T) = \lim_{\tau \to 0+} T \sum_{n=-\infty}^{\infty} \frac{e^{i\omega_n \tau}}{i\omega_n - x} = \frac{1}{e^{x/T} + 1}$$

です。ここで $\omega_n \equiv \pi T(2n+1)$ と定義されています。この無限級数和を Julia で計算し、最右辺の解析的表式と比べてみましょう。なお、この無限級数和は有限温度の場の理論に現れるフェルミオン松原グリーン関数の和と呼ばれるもので、最右辺はフェルミ分布関数です。最右辺については、$i\omega_n = z$ として、$i\omega_n$ をある関数の留数とみなし、その留数の和を複素平面 z 上の閉曲線積分に直し、さらに積分路を実軸に沿うように変形することで導出することができます。

この関数 $g(x, T)$ は for 文を使えば次のように簡単にコードになります。

```
1  julia> function g(x,T,nmax;τ=0.01)
2             a = 0im #複素数になるので複素数0imで初期化
3             for n = -nmax:nmax
4               ωn = pi*T*(2n+1)
5               a += exp(im*ωn*τ)/(im*ωn-x)
6             end
7             return real(a*T)
8         end
9  g (generic function with 2 methods)
```

ここで、τ は本来無限小極限を取る必要がありますが、数値計算では無限小計算はできませんので、セミコロンを使って有限の値を設定してキーワード引数として扱いました。また、n に関する和は本来は $-\infty$ から ∞ をとらなければなりませんが、数値計算では無限に足し続けることはできませんので、カットオフとして nmax という引数を用意しました。あとは比較するだけです。

```
1   julia> xs = range(-1,1,length=10)
2   -1.0:0.2222222222222222:1.0
3   julia> T = 0.1
4   0.1
5   julia> nmax = 100000
6   100000
7   julia> for i=1:10
8              println(xs[i],"\t",g(xs[i],T,nmax),"\t",1/(exp(xs[i]/T)+1))
9          end
10  -1.0    0.989498288411415      0.9999546021312976
11  -0.7777777777777778    0.9913302694409194    0.9995812333155556
12  -0.5555555555555556    0.990123551768255     0.9961489676440697
13  -0.3333333333333333    0.9618350473721775    0.9655548043337887
```

```
14  -0.1111111111111111      0.7509941347989852      0.7523361988609284
15  0.1111111111111111       0.24743253689074113     0.24766380113907163
16  0.3333333333333333       0.03405360537506296     0.03444519566621118
17  0.5555555555555556       0.0033658873349129608   0.003851032355930255
18  0.7777777777777778       -8.45627268651121e-5    0.0004187666844443735
19  1.0      -0.0004607450598311099   4.5397868702434395e-5
```

実際に値を並べてみると、どのくらいちゃんと計算できているかわかりやすいですね。カットオフ nmax を大きくすればするほど、τ を小さくすればするほど、解析的表式に近づいていくのがわかると思いますので、いろいろいじって遊んでみてみると面白いかもしれません。

2.3.2 | 目的を達するまで繰り返し続ける：while文

上の無限級数の和ですが、毎回 nmax を設定して結果を見る、では大変です。指定された精度に達するまで計算するコードに書き換えてみましょう。指定された精度で止まるコードは

```julia
julia> function g2(x,T;τ=0.01,nmax=1000000,eps = 1e-8)
    n = 0 #n=0だけ先に計算
    ωn = pi*T*(2n+1)
    a = exp(im*ωn*τ)/(im*ωn-x)
    aold = a
    for n = 1:nmax
        ωn = pi*T*(2n+1) #nの項
        a += exp(im*ωn*τ)/(im*ωn-x)
        ωn = pi*T*(2(-n)+1) #-nの項
        a += exp(im*ωn*τ)/(im*ωn-x)
        if abs(a-aold)/abs(aold) < eps #相対誤差がepsより小さくなったらストップ
            println("converged at $n step")
            return T*a
        end
        aold = a
    end
    println("not converged in $nmax step") #nmaxステップ回しても収束しなかったことを言う
    return T*a
end
```

となります。for 文では必ずループの終わりがやってきます。for 文を使ったこのコードも nmax を非常に大きくすればその nmax に達するまでループは終わらないので、実用上では問題がないかもしれません。しかし、どんなパラメータでも指定された精度に達するまで計算がしたい場合、このような最大を指定するのは避けたいところです。そのような場合、for 文ではなく while 文を使います。while 文は while 条件式 という形をしていまして、条件式が true である限り回り続けます。この while 文を使ってコードを書き換えると、

```
 1  julia>  function g2(x,T;τ=0.01,eps = 1e-8)
 2      n = 0
 3      ωn = pi*T*(2n+1)
 4      a = exp(im*ωn*τ)/(im*ωn-x)
 5      aold = 10*a
 6      while abs(a-aold)/abs(a) > eps #この条件が満たされている間回り続ける
 7          aold = a
 8          n += 1
 9          ωn = pi*T*(2n+1)
10          a += exp(im*ωn*τ)/(im*ωn-x)
11          ωn = pi*T*(2(-n)+1)
12          a += exp(im*ωn*τ)/(im*ωn-x)
13
14      end
15      println("converged at $n step")
16      return T*a
17  end
```

となります。このコードを実行すると、

```
 1  julia> g2(0,0.1;τ=0.001,eps=1e-15)
 2  converged at 17845000 step
 3  0.5000283892332869 + 8.918740923376492e-9im
```

のようになります。この場合、17845000回ループが回ったようです。while文は条件を満たしている限り永遠に回り続け、プログラムを書き間違って条件がずっとtrueの場合には無限ループになり計算が終わらないので注意してください。もし計算が止まらない場合には、Ctrlキーを押しながらcキーを押すことで強制的に止めることができます。

2.4 行列とベクトルを扱う：配列

　手計算では困難な計算といえば、行列とベクトルを扱った計算でしょう。手計算では3×3の行列の固有値を求めることはできますが、20×20や1000×1000の行列の固有値を計算することはほぼ不可能です。しかしながら、Juliaを使えば簡単に行列とベクトルに関する数値計算をすることができます。

2.4.1 考えるよりもやってみる

　以下の計算を考えます。

$$\vec{b} = \hat{A}\vec{a}$$

$$\hat{A} = \begin{pmatrix} 1 & 2 \\ 3 & 4 \end{pmatrix}$$

$$\vec{a} = \begin{pmatrix} 1 \\ 2 \end{pmatrix}$$

2×2の行列と2成分のベクトルの積ですね。では、ベクトルを定義してみましょう。

```
julia> a = [1,2]
2-element Vector{Int64}:
 1
 2
```

はい、これで定義終了です。次に行列を定義してみましょう。

```
julia> A = [1 2
            3 4]
2×2 Matrix{Int64}:
 1  2
 3  4
```

はい、できました。ベクトル $\vec{b}$ の計算は

```
julia> b = A*a
2-element Vector{Int64}:
  5
 11
```

です。これで計算終了です。簡単ですね。次は、

$$c = \vec{b}^{\dagger} \hat{A} \vec{a}$$

$$\hat{A} = \begin{pmatrix} 0 & -i \\ i & 0 \end{pmatrix}$$

$$\vec{a} = \frac{1}{\sqrt{2}} \begin{pmatrix} 1 \\ 1 \end{pmatrix}$$

$$\vec{b} = \frac{1}{\sqrt{2}} \begin{pmatrix} 1 \\ -1 \end{pmatrix}$$

を考えてみます。ここで $x^{\dagger}$ はベクトル x を転置して複素共役をとったものとします。まず、a と b を定義

```
1  julia> a = (1/sqrt(2))*[1,1]
2  2-element Vector{Float64}:
3   0.7071067811865475
4   0.7071067811865475
5  julia> b = (1/sqrt(2))*[1,-1]
6  2-element Vector{Float64}:
7   0.7071067811865475
8  -0.7071067811865475
```

して、行列 $\hat{A}$ を

```
1  julia> A = [0 -im;im 0]
2  2×2 Matrix{Complex{Int64}}:
3   0+0im  0-1im
4   0+1im  0+0im
```

と定義すれば、

```
1  julia> c = b'*A*a
2  0.0 - 0.9999999999999998im
```

となり、c を計算できました。また、c は

$$c = (\hat{A}^{\dagger}\vec{b})^{\dagger}\vec{a}$$

とも書けるので、これを計算してみると、

```
1  julia> c = (A'*b)'*a
2  0.0 - 0.9999999999999998im
```

となり、ちゃんと計算できていることがわかります。

2.4.2 | ベクトルと行列の定義

上で述べたように、Julia では極めて簡潔に行列とベクトルの計算をすることができます。それでは、ベクトルと行列の定義について見ていきましょう。Julia ではベクトルは

```
1  julia> a = [1,2,3,4]
2  4-element Vector{Int64}:
3   1
4   2
5   3
```

```
6 │ 4
```

と定義できます。カンマ , で区切ることによってベクトルの要素を入力します。そして行列は、

```
1 │ julia> B = [1 2 3 4
2 │      5 6 7 8]
3 │ 2×4 Matrix{Int64}:
4 │ 1  2  3  4
5 │ 5  6  7  8
```

と定義できます。行列の要素同士はスペースで区切ります。この行列 B は 2×4 行列です。行列は改行する代わりにセミコロン ; を使うこともできて、その場合には、

```
1 │ julia> B = [1 2 3 4;5 6 7 8]
2 │ 2×4 Matrix{Int64}:
3 │ 1  2  3  4
4 │ 5  6  7  8
```

と書きます。どちらにせよ要素同士はスペースで区切られています。

　数学的には、縦に並んだベクトルは列が 1 本の行列と同じですから、ベクトルと行列の定義の仕方が違っているのが気になる人もいるかもしれません。そんなときは、カンマ , で区切っているのは縦ベクトルを定義するときの便利な記法、と覚えておくとよいかもしれません。というのは、縦ベクトルは

```
 1 │ julia> a = [
 2 │      1
 3 │      2
 4 │      3
 5 │      4]
 6 │ 4-element Vector{Int64}:
 7 │ 1
 8 │ 2
 9 │ 3
10 │ 4
```

と改行を使って定義することも

```
1 │ julia> a = [1;2;3;4]
2 │ 4-element Vector{Int64}:
3 │ 1
4 │ 2
5 │ 3
```

```
6 │ 4
```

とセミコロン ; を使って定義することも可能だからです。縦ベクトルが必要なことは多いですから、そのためにカンマ , による定義方法がある、と思っておけばよいでしょう。

　横ベクトルは行が一つの行列ですから、

```
1 │ julia> b = [1 2 3 4]
2 │ 1×4 Matrix{Int64}:
3 │ 1 2 3 4
```

と定義できます。Julia の掛け算の記号 * は行列やベクトル演算に対応しています。つまり、横ベクトルと縦ベクトルを掛ければ

```
1 │ julia> b*a
2 │ 1-element Vector{Int64}:
3 │ 30
```

と 1 成分になりますし、順番を逆にして縦ベクトルと横ベクトルを掛ければ

```
1 │ julia> a*b
2 │ 4×4 Matrix{Int64}:
3 │ 1  2   3   4
4 │ 2  4   6   8
5 │ 3  6   9  12
6 │ 4  8  12  16
```

と行列になります。

　サイズの大きい行列を定義するのにいちいち全部行列要素を書くのは大変です。 そこで、まとめて扱う方法があります。例えば、3×4 の零行列は

```
1 │ julia> B = zeros(3,4)
2 │ 3×4 Matrix{Float64}:
3 │ 0.0  0.0  0.0  0.0
4 │ 0.0  0.0  0.0  0.0
5 │ 0.0  0.0  0.0  0.0
```

と zeros 関数を用いて定義できます。そしてこの行列の要素に値を代入したければ、

```
julia> B[1,2] = 3
3
julia> B
3×4 Matrix{Float64}:
 0.0  3.0  0.0  0.0
 0.0  0.0  0.0  0.0
 0.0  0.0  0.0  0.0
```

とします。ここで、B[1,2] = 3は「Bの1行2列目に3を代入する」という意味です。このやり方とfor文を組み合わせれば、

```
julia> function make_matrix(n)
           H = zeros(n,n)
           for i=1:n
               j = i+1
               j += ifelse(j > n,-n,0)
               H[i,j] = -1
               j = i-1
               j += ifelse(j < 1,n,0)
               H[i,j] = -1
               H[i,i] = 2
           end
           return H
       end
make_matrix (generic function with 1 method)
```

という関数を定義することができて、

```
julia> make_matrix(10)
10×10 Array{Float64,2}:
  2.0  -1.0   0.0   0.0   0.0   0.0   0.0   0.0   0.0  -1.0
 -1.0   2.0  -1.0   0.0   0.0   0.0   0.0   0.0   0.0   0.0
  0.0  -1.0   2.0  -1.0   0.0   0.0   0.0   0.0   0.0   0.0
  0.0   0.0  -1.0   2.0  -1.0   0.0   0.0   0.0   0.0   0.0
  0.0   0.0   0.0  -1.0   2.0  -1.0   0.0   0.0   0.0   0.0
  0.0   0.0   0.0   0.0  -1.0   2.0  -1.0   0.0   0.0   0.0
  0.0   0.0   0.0   0.0   0.0  -1.0   2.0  -1.0   0.0   0.0
  0.0   0.0   0.0   0.0   0.0   0.0  -1.0   2.0  -1.0   0.0
  0.0   0.0   0.0   0.0   0.0   0.0   0.0  -1.0   2.0  -1.0
 -1.0   0.0   0.0   0.0   0.0   0.0   0.0   0.0  -1.0   2.0
```

のように帯状の行列を簡単に作ることができます。ここで、ifelse文は周期境界条件を課すために導入しました。なお、この行列は1次元の微分方程式を差分化した方程式で現れる行列です。

　行列を取り出し、部分行列を作りたいことはあると思います。例えば、3×3の行列：

```
1  julia> A = [1 2 3
2            4 5 6
3            7 8 9]
```

から左上の 2×2 行列を取り出したいこともあるでしょう。その場合には、

```
1  julia> A[1:2,1:2]
2  2×2 Array{Int64,2}:
3   1  2
4   4  5
```

のようにすることができます。また、右下の 2×2 行列であれば、

```
1  julia> A[2:3,2:3]
2  2×2 Array{Int64,2}:
3   5  6
4   8  9
```

で取り出すことができますし、11, 13, 31, 33 成分からなる 2×2 行列であれば、

```
1  julia> A[[1,3],[1,3]]
2  2×2 Array{Int64,6}:
3   1  3
4   7  9
```

で取り出すことができます。ここでは、取り出したい添字の組を [1,3] とすることで、必要な行列要素を取り出して新しい行列を作っています。また、この行列からベクトルを取り出したいときは

```
1  julia> A[:,1]
2  3-element Array{Int64,1}:
3   1
4   4
5   7
```

とすれば可能です。ここで、A[:,1] は $A_{1,1}$、$A_{2,1}$、$A_{3,1}$ という行列要素を並べたベクトルです。: を使うとその行の全ての要素を取り出すことができます。もし範囲をきちんと指定するのであれば、

```
1  julia> A[1:3,1]
2  3-element Array{Int64,1}:
3   1
```

```
4 │  4
5 │  7
```

あるいは

```
1 │ julia> A[begin:end,1]
2 │ 3-element Array{Int64,1}:
3 │  1
4 │  4
5 │  7
```

と書くことが可能です。Julia では行列やベクトルの添字は 1 からになります。これは Fortran など
と同じです。一方、Python や C などでは、添字は 0 から始まります。添字の始まりや終わりを気
にしたくない場合には、上で A[begin:end,1] と書いたように begin と end で指定することも
可能です。

なお、定義した行列やベクトルのサイズを知りたい場合には、

```
1 │ julia> size(A)
2 │ (3, 3)
3 │ julia> length(A)
4 │ 9
```

のように size と length を使うことができます。size は行列のサイズを調べることができます。
length はベクトルや行列の全要素の数を調べることができます。つまり、ベクトルに対して
length を使うと、ベクトルの要素数がわかります。

2.4.3 | 線形代数計算

Julia では行列とベクトルに関する計算が直観的にできるように工夫されています。以下の計算
を行う際には、Julia の線形代数パッケージを読み込む必要がありますので、

```
1 │ julia> using LinearAlgebra
```

を最初に入力しておいてください。パッケージの説明については次節以降に詳述します。それでは、
線形代数で使われる計算を見ていきましょう。内積は、

```
1 │ julia> a ・ b
2 │ 27
3 │ julia> dot(a,b)
4 │ 27
```

です。ここで用いた・は REPL では \cdot と入力し Tab キーを押すと入力できます。dot(a,b) も内積の計算となります。なお、複素数のベクトルの場合にもきちんと内積の定義になっています：

```
1  julia> a = [3,2im]
2  2-element Array{Complex{Int64},1}:
3   3 + 0im
4   0 + 2im
5  julia> a · a
6  13 + 0im
```

この計算は以下のように行うこともできます：

```
1  julia> a'*a
2  13 + 0im
```

ここで、' の記号は「転置して複素共役をとる」ことを意味しています。物理を習ったことがある方であれば、' はエルミート共役†を意味しているとわかるはずです。横ベクトルは縦ベクトルに、縦ベクトルは横ベクトルになります。行列であれば、複素数乱数が入った3×3行列は

```
1  julia> A = rand(ComplexF64,3,3)
2  3×3 Array{Complex{Float64},2}:
3   0.198565+0.216468im  0.109719+0.862387im  0.745627+0.36391im
4    0.17379+0.723112im  0.770344+0.266885im  0.617741+0.260388im
5  0.0797542+0.113146im  0.403892+0.572671im  0.405611+0.0265226im
```

と定義できますが、この行列 A に対して A' を計算すると

```
1  julia> A'
2  3×3 LinearAlgebra.Adjoint{Complex{Float64},Array{Complex{Float64},
   2}}:
3   0.198565-0.216468im   0.17379-0.723112im  0.0797542-0.113146im
4   0.109719-0.862387im  0.770344-0.266885im   0.403892-0.572671im
5   0.745627-0.36391im   0.617741-0.260388im   0.405611-0.0265226im
```

となりまして、A を転置して複素共役をとったものになっていることがわかると思います。
　普通の転置を計算したい場合には、

```
1  julia> transpose(A)
2  3×3 LinearAlgebra.Transpose{Complex{Float64},Array{Complex{Float64},
   2}}:
```

```
3    0.198565+0.216468im    0.17379+0.723112im    0.0797542+0.113146im
4    0.109719+0.862387im   0.770344+0.266885im    0.403892+0.572671im
5    0.745627+0.36391im    0.617741+0.260388im    0.405611+0.0265226im
```

と transpose を使うことができます。

　この他にも線形代数に現れる計算は様々なものがあります。例えば、外積は

```
1  julia> a = rand(3)
2  3-element Array{Float64,1}:
3   0.31173085335507755
4   0.206131761655153
5   0.6344907564567361
6  julia> cross(a,b)
7  3-element Array{Float64,1}:
8    0.03150103358035339
9    0.026561613490323446
10  -0.02410600328702674
```

と書けます。

　行列 A とベクトル $\vec{b}$ を与えたときの $\vec{x}$ に関する連立方程式：

$$A\vec{x} = \vec{b}$$

を解きたい場合には、

```
1  julia> x = A \ b
2  3-element Array{Complex{Float64},1}:
3    1.1317391302856894 + 0.3214002260786117im
4    0.5280037618267357 - 0.6238461477987535im
5   -1.0170372714278566 - 0.43666525775505144im
6   julia> A*x - b
7  3-element Array{Complex{Float64},1}:
8   1.1102230246251565e-16 + 2.220446049250313e-16im
9                      0.0 + 0.0im
10  1.1102230246251565e-16 + 5.551115123125783e-17im
```

とします。固有値問題：

$$A\vec{v_i} = e_i\vec{v_i}$$

を解きたい場合には、

```
1  julia> e,v = eigen(A)
```

```
2   Eigen{Complex{Float64},Complex{Float64},Array{Complex{Float64},2},
    Array{Complex{Float64},1}}
3   values:
4   3-element Array{Complex{Float64},1}:
5    -0.08365967036602694 - 0.019191984251854016im
6     0.342945900574073877 - 0.6075793886071333im
7      1.1152347024580538 + 1.1366463353042378im
8   vectors:
9   3×3 Array{Complex{Float64},2}:
10   -0.602769+0.0736897im   0.723462+0.0im      0.599757+0.183302im
11   -0.193526+0.351065im   -0.500116+0.180693im  0.659595+0.0im
12    0.685959+0.0im         0.243717-0.366658im   0.414279+0.000435743im
```

とします。i 番目の固有値 e[i] に対応する固有ベクトルは v[:,i] で取り出すことができ、これが確かに固有ベクトルになっているのは

```
1   julia> A*v[:,1] - e[1]*v[:,1]
2   3-element Array{Complex{Float64},1}:
3    -1.3183898417423734e-16 + 5.195496810550537e-16im
4     2.5673907444456745e-16 + 5.030698080332741e-16im
5      8.326672684688674e-17 + 4.128641872824801e-16im
```

が倍精度実数の範囲内でゼロになっていることからわかります。

　これらを見れば、Julia では特別な文法を覚えることなしに素朴な書き方で線形代数の様々な計算ができることがわかると思います。

　よく使われる計算について表 2.3 にまとめました。例えば、この表にある関数を使って、全ての固有値が正の実数であるエルミート行列 B を

```
1   julia> B=A'*A
2   3×3 Array{Complex{Float64},2}:
3    0.658543+0.0im        0.632338-0.363199im   0.557827-0.534365im
4    0.632338+0.363199im   1.91149+0.0im         1.12002-0.788939im
5    0.557827+0.534365im   1.12002+0.788939im    1.30302+0.0im
6   julia> e,v = eigen(B)
7   Eigen{Complex{Float64},Float64,Array{Complex{Float64},2},Array
    {Float64,1}}
8   values:
9   3-element Array{Float64,1}:
10   0.005755337720521152
11   0.4642937272736878
12   3.403002446080196
13  vectors:
14  3×3 Array{Complex{Float64},2}:
15   -0.608893+0.106983im  -0.663488-0.227708im   -0.210245+0.28554im
16   -0.174982+0.360479im   0.566542+0.0308927im  -0.607186+0.385795im
```

表 2.3 | 線形代数でよく使われる計算（全てを使うには計算の前に using LinearAlgebra を行う）

Julia での記法	概要
A+B	行列 A と行列 B の和（A と B は両方ベクトルでもよい）
A*b	行列 A とベクトル $\vec{b}$ の積（$\vec{b}$ は行列でもよい）
A^n	行列 A の n 乗 A^n
dot(a,b)	ベクトル $\vec{a}$ とベクトル $\vec{b}$ の内積（$\vec{a}$ は複素共役を取る）
norm(a)	ベクトル $\vec{a}$ のノルム
transpose(A)	A の転置 A^{T}
A' あるいは adjoint(A)	A の随伴行列（転置して複素共役を取る）$A^{\dagger}$
inv(A)	A の逆行列 A^{-1}
U,S,V =svd(A)	特異値分解 $A = U \operatorname{diag}(S) V^{\dagger}$
x = A \ b	連立方程式 $A\vec{x} = \vec{b}$ の解 $\vec{x}$
e,V = eigen(A)	行列 A の固有値と固有ベクトル
eigvals(A)	行列 A の固有値
eigvecs(A)	行列 A の固有ベクトル
det(A)	行列 A の行列式 $\det(A)$
logdet(A)	行列 A の行列式の自然対数 $\log\det(A)$
tr(A)	行列 A のトレース $\operatorname{Tr}(A)$
exp(A)	行列 A の指数関数 $\exp(A)$
log(A)	行列 A の自然対数 $\log(A)$

```
17    0.676195+0.0im      -0.431287-0.0im      -0.597287-0.0im
```

のように定義して、その行列の自然対数のトレースを取ったもの

```
1 | julia> tr(log(B))
2 | -4.70020733535471 + 0.0im
```

と、行列式の自然対数を取ったもの

```
1 | julia> logdet(B)
2 | -4.700207335354789 - 1.4155343563970742e-15im
```

が等しいという数式：

$$\log\det(B) = \operatorname{Tr}\log(B)$$

が成り立っていることを確認できます。

2.4.4 | 行列要素の型

　さて、零行列 B を定義した後に、その一部の行列要素が複素数である場合を考えます。その場合、

```
1  julia> B = zeros(3,3)
2  3×3 Matrix{Float64}:
3   0.0  0.0  0.0
4   0.0  0.0  0.0
5   0.0  0.0  0.0
6  julia> B[1,2] = 4 + 2im
7  ERROR: InexactError: Float64(4 + 2im)
```

はエラーが出てしまいます。何が問題なのでしょうか？　出力された B についてよくみてみると、
Matrix{Float64} と書かれているのがわかると思います。実は、Matrix は B が行列（matrix）
であることを意味していまして、{Float64} はその行列要素が倍精度実数であることを意味していま
す。つまり、B = zeros(3,3) と書いた時点で暗黙のうちに「型」が決まってしまったとい
うことになります。型とは、入っている数値がどんな形をしているかを意味するものです。例えば、
Float64 とは、数値が倍精度実数で入っている、ということを意味しています。型については次
節以降に詳しく述べますが、ここでの問題を解決するためには、

```
1  julia> B = zeros(ComplexF64,3,3)
2  3×3 Matrix{ComplexF64}:
3   0.0+0.0im  0.0+0.0im  0.0+0.0im
4   0.0+0.0im  0.0+0.0im  0.0+0.0im
5   0.0+0.0im  0.0+0.0im  0.0+0.0im
6  julia> B[1,2] = 4 + 2im
7  4 + 2im
```

のように関数 zeros を zeros(ComplexF64,3,3) とします。ここで ComplexF64 とは、倍精
度複素数を意味しています。つまり、行列の要素が倍精度複素数である、ということです。zeros
関数を使わずに行列要素を直接書いた場合には、書いた値に応じてよしなに Julia は型を決めてく
れます。例えば、

```
1  julia> B = [2 1.2
2          3 4.1]
3  2×2 Matrix{Float64}:
4   2.0  1.2
5   3.0  4.1
```

は行列要素の型が倍精度実数 Float64 ですが、

```
1  julia> B = [2 1.2
2         3 4.1+1im]
3  2×2 Matrix{ComplexF64}:
4   2.0+0.0im  1.2+0.0im
5   3.0+0.0im  4.1+1.0im
```

は行列要素の中に複素数が入っていますので、行列要素の型は倍精度複素数 ComplexF64 です。

　一方、

```
1  julia> B = [2 1
2         3 4+1im]
3  2×2 Matrix{Complex{Int64}}:
4   2+0im  1+0im
5   3+0im  4+1im
```

とすると、行列要素は整数の複素数が入っているので、行列要素の型は整数複素数 Complex{Int64} となります。

　このように、具体的に数値が入っていれば Julia は自動的に型を決めてくれます。一方、自分であらかじめ型がわかっている場合には zeros(ComplexF64,3,3) のように型を指定することも可能です。

　上の例では行列を 0 で初期化していますが、0 を入れたくない場合はどうすればいいでしょうか？　1 で初期化する場合には

```
1  julia> B = ones(3,3)
2  3×3 Matrix{Float64}:
3   1.0  1.0  1.0
4   1.0  1.0  1.0
5   1.0  1.0  1.0
```

のように ones 関数が使えます。また、乱数で初期化したい場合には

```
1  julia> B = rand(3,3)
2  3×3 Matrix{Float64}:
3   0.469648   0.294088   0.883687
4   0.516379   0.394437   0.55469
5   0.0227974  0.402884   0.0139348
```

と rand 関数を使うことができます。ここでの乱数は 0 から 1 までの一様乱数です。もし標準正規分布に従う乱数が必要な場合は rand の代わりに randn を使うことができます。

```
1  julia> B = randn(3,3)
2  3×3 Matrix{Float64}:
3   2.91687    0.373719  -1.80382
4   0.107286   0.859762  -0.655736
5   1.78544   -0.575382   0.14843
```

もし、初期化を全くせずに行列を定義したければ、

```
1  julia> B = Matrix{Float64}(undef,2,3)
2  2×3 Matrix{Float64}:
3   2.17653e-314  2.56723e-314  2.17674e-314
4   2.17606e-314  2.23877e-314  2.56716e-314
```

とすることも可能です。このように、Julia では様々な行列定義の方法があります。

2.4.5 ｜ 行列の一般化：配列の定義

　ベクトルは成分が1種類、行列は成分が2種類ですが、もちろん成分がn種類のものを考えることができます。これをn次元配列と呼びます。

　そして配列はこれまでと全く同じで、

```
1  julia> a = zeros(4,4,4)
```

で定義できます。ここでは出力は省略しましたが、64個の要素が出力されます。

　n次元配列のnはいくらでも増やすことができて、例えば、

```
1  julia> a = zeros(1,1,1,1,1,1,1,1,1,1,1,1,1,1,1,1,1,1,1,1,1,1)
2  1×1×1×1×1×1×1×1×1×1×1×1×1×1×1×1×1×1×1×1×1×1 Array{Float64, 22}:
3  [:, :, 1, 1, 1, 1, 1, 1, 1, 1, 1, 1, 1, 1, 1, 1, 1, 1, 1, 1, 1] =
4   0.0
```

とすれば22次元配列なども定義できます。ただし、配列の要素の数は次元が増えれば増えるほど増大しますから、実質的には使うのは10次元以下になるかと思います。

　例えば、格子量子色力学（QCD）のシミュレーションでは4次元空間の時空格子点にSU(3)の3×3の行列が張り付いたような系を考えますので、$4+2=6$次元配列を使うことになります。

　行列の定義のときと同様に、具体的に値を入れずに定義したい場合には

```
1  julia> C = Array{Float64,3}(undef,2,2,2)
2  2×2×2 Array{Float64, 3}:
3  [:, :, 1] =
```

```
4    2.38313e75   4.94e-321
5    4.94e-322    1.235e-321
6
7   [:, :, 2] =
8    1.0e-322    1.6e-322
9    1.5e-323    2.0e-323
```

のようにします。`Array{Float64,3}` の 3 が 3 次元配列を意味していますので、この数字を変えれば好きなだけ大きな次元の配列を定義できます。`(undef,2,2,2)` の部分の最初の `undef` は「具体的に値を入れない」ことを意味しており、残りの三つはそれぞれの次元の長さです。ここでは 3 次元配列ですので三つの数字を指定しています。もしベクトルであれば `Array{Float64,1}` `(undef,2)`、行列であれば、`Array{Float64,2}(undef,2,2)` のような形で書くことになります。

ベクトル、行列、配列（後述）を定義するための関数を表 2.4、表 2.5 にまとめました。

表 2.4 | ベクトル、行列、配列を定義するための関数 1

Julia での記法	概要
`zeros(2,3)`	2×3 の零行列（倍精度実数）
`zeros(Int64,2,3)`	2×3 の零行列（整数（64 ビット））
`zeros(ComplexF64,2,3)`	2×3 の零行列（倍精度複素数）
`ones(2,4)`	全ての要素が 1 の 2×4 行列（倍精度実数）
`rand(2,3,4)`	[0,1) の一様分布の乱数が要素に入った 2×3×4 の 3 次元配列
`randn(4)`	平均 0 分散 1 の標準正規分布に従う乱数が要素に入った要素数 4 のベクトル（1 次元配列）
`Array{Float64,3}(undef,2,3,4)`	値が定義されていない 2×3×4 の 3 次元配列（要素の型は倍精度実数）

表 2.5 | ベクトル、行列、配列を定義するための関数 2（using LinearAlgebra を使用）

Julia での記法	概要
`Diagonal([1,2,3])`	対角要素が上から順番に 1, 2, 3 となる対角行列
`diagm(0 => [1,2,3])`	対角要素が上から順番に 1, 2, 3 となる対角行列
`diagm(1 => [1,2])`	対角から 1 つずれた帯に順番に 1, 2 が入った帯行列（1, 2 成分が 1、2, 1 成分が 2）
`I(3)`	3×3 の単位行列

表は 2 種類ありまして、標準でそのまま使えるもの（表 2.4）と、使う前に

```
1   julia> using LinearAlgebra
```

を実行しなければならないもの（表 2.5）です。`using LinearAlgebra` をするとさらに様々な行列の定義ができるようになります。

例えば、関数 `diagm` を使えば、

```
1  julia> diagm(1 => [1,2])
2  3×3 Matrix{Int64}:
3   0  1  0
4   0  0  2
5   0  0  0
```

のように簡単に帯行列を作成することができます。帯行列の帯は複数指定することができるので、

```
1  julia> diagm(1 => -ones(9),0 => 2*ones(10),-1 => -ones(9))
2  10×10 Matrix{Float64}:
3    2.0  -1.0   0.0   0.0   0.0   0.0   0.0   0.0   0.0   0.0
4   -1.0   2.0  -1.0   0.0   0.0   0.0   0.0   0.0   0.0   0.0
5    0.0  -1.0   2.0  -1.0   0.0   0.0   0.0   0.0   0.0   0.0
6    0.0   0.0  -1.0   2.0  -1.0   0.0   0.0   0.0   0.0   0.0
7    0.0   0.0   0.0  -1.0   2.0  -1.0   0.0   0.0   0.0   0.0
8    0.0   0.0   0.0   0.0  -1.0   2.0  -1.0   0.0   0.0   0.0
9    0.0   0.0   0.0   0.0   0.0  -1.0   2.0  -1.0   0.0   0.0
10   0.0   0.0   0.0   0.0   0.0   0.0  -1.0   2.0  -1.0   0.0
11   0.0   0.0   0.0   0.0   0.0   0.0   0.0  -1.0   2.0  -1.0
12   0.0   0.0   0.0   0.0   0.0   0.0   0.0   0.0  -1.0   2.0
```

のようなこともできます。

2.4.6 | 配列の形状の変更

Juliaの多成分の配列は、実は1成分の配列を並べ直しているだけにすぎません。ですので、簡単に配列の形状を変更することができます。例えば、

```
1  julia> a = [1 2
2           3 4]
3  2×2 Matrix{Int64}:
4   1  2
5   3  4
```

という2×2の行列は実はa[:]と1成分配列として計算機のメモリには格納されています。そのため、

```
1  julia> a[:]
2  4-element Vector{Int64}:
3   1
4   3
5   2
6   4
```

とすることで簡単に1次元の配列として取り出せます。つまり、

```
1  julia> a[1,1]
2  1
3  julia> a[2,1]
4  3
5  julia> a[1,2]
6  2
7  julia> a[2,2]
8  4
```

という順番です。左側から順番に添字が回ります。ですので、ループの中では配列の左側から順にアクセスするようにすると、メモリに乗っている順番に読み出すので少し高速になります。これはFortranと同じ配列の格納方法でして、CやPythonとは逆になっています。

　また、このように1次元の配列として格納されているとわかっていれば、

```
1  julia> reshape(a,(4,1))
2  4×1 Array{Float64,2}:
3   1.0
4   3.0
5   2.0
6   4.0
```

や

```
1  julia> reshape(a,(1,4))
2  1×4 Array{Float64,2}:
3   1.0  3.0  2.0  4.0
```

のようにreshape関数で形状を変更することも可能です。この関数は配列の次元数を変えることもできまして、3次元配列：

```
1  julia> b = rand(2,2,2)
2  2×2×2 Array{Float64,3}:
3  [:, :, 1] =
4   0.923473  0.0891676
5   0.360361  0.191944
6  [:, :, 2] =
7   0.491564  0.432734
8   0.273472  0.733278
```

を2次元配列

```
1 │ julia> reshape(b,(4,2))
2 │ 4×2 Array{Float64,2}:
3 │  0.923473   0.491564
4 │  0.360361   0.273472
5 │  0.0891676  0.432734
6 │  0.191944   0.733278
```

にすることも可能です。

2.4.7 │ 配列の要素の型

　ベクトルや行列の要素の型について考えたように、配列の型を考えることができます。行列要素の場合には、数字の型 Float64 や ComplexF64 を考えていました。

　配列の場合はもっと自由に型について考えることができます。まず、型を調べるための関数を紹介します。typeof です。これを使うと、

```
1 │ julia> a = 3
2 │ 3
3 │ julia> typeof(a)
4 │ Int64
```

のようにその変数の型を教えてくれます。この typeof 関数を行列に使ったらどうなるでしょうか？

```
1 │ julia> b = rand(3,3)
2 │ 3×3 Matrix{Float64}:
3 │  0.472254  0.465127  0.0801741
4 │  0.37999   0.887802  0.692616
5 │  0.381682  0.138265  0.0227855
6 │ julia> typeof(b)
7 │ Matrix{Float64} (alias for Array{Float64, 2})
```

これを見ると、Matirx{Float64} という型のようですね。これは、行列要素が倍精度実数 Float64 の行列、という意味です。その後 (alias for Array{Float64, 2}) とあります。これは、行列の要素の型が Float64 の2次元の配列、という意味です。

　行列の要素の型には好きな型を入れることができます。次のコードを見てください：

```
1 │ julia> B = Matrix{Matrix{Float64}}(undef,2,3)
2 │ 2×3 Matrix{Matrix{Float64}}:
3 │  #undef  #undef  #undef
4 │  #undef  #undef  #undef
```

`Matrix{Matrix{Float64}}` の部分が `Matrix{Float64}` であれば、行列の定義としてすでに
登場していました。`Matirx{Float64}` が「行列要素が倍精度実数 `Float64` の行列」という意味
ですから、`Matrix{Matrix{Float64}}` は「行列要素が `Matrix{Float64}` の行列」という意
味になります。つまり、行列の要素に行列が入っています。ですので、

```
julia> B[1,1]=rand(2,3)
2×3 Matrix{Float64}:
 0.450997  0.563563  0.482205
 0.129164  0.965053  0.822452
 julia> B[1,2] = rand(1,1)
1×1 Matrix{Float64}:
 0.449658494282559
julia> B
2×3 Matrix{Matrix{Float64}}:
    [0.450997 0.563563 0.482205; 0.129164 0.965053 0.822452]
[0.449658]   #undef
 #undef                                                        #undef
#undef
```

のように、B の 1,1 成分には 2×3 行列、1,2 成分には 1×1 行列を入れることが可能です。なお
#undef というのは、「まだ定義されていない」という意味で、定義されていない部分を取り出そ
うとすると

```
julia> B[1,3]
ERROR: UndefRefError: access to undefined reference
```

というエラーが出ます。

行列要素の型には任意の型を入れることができるので、`Matrix{Matrix{Matrix{Float64}}}`
のような入れ子構造も可能です。また、ここでは行列の型に任意の型を入れましたが、もちろん

```
julia> C = Array{Array{Float64,2},3}(undef,2,2,2)
2×2×2 Array{Matrix{Float64}, 3}:
[:, :, 1] =
 #undef  #undef
 #undef  #undef

[:, :, 2] =
 #undef  #undef
 #undef  #undef
```

のように任意の次元の配列を要素の型を指定して定義することもできます。

2.4.8 | 要素への一括適用：ブロードキャスト

　ここまででベクトルや行列、配列の作り方や基本的な線形代数の計算の仕方を見てきました。この節では、Julia での便利な機能であるブロードキャスト（要素への一括適用）について述べます。例として、以下のような関数：

$$y(\vec{x}) = \hat{W}_2 f(\hat{W}_1 \vec{x} + \vec{b}_1) + b_2$$

を考えてみましょう。ここで、$\vec{x}$ を要素数 n のベクトルとし、$\hat{W}_1$ は $m \times n$ 行列、b_1 は要素数 m のベクトル、$\hat{W}_2$ は $1 \times m$ 行列、b_2 はスカラーとします。y はスカラーです。この関数は機械学習で使われる隠れ層1層のニューラルネットワークを表す関数です。ベクトル $\vec{x}$ に対する $f(\vec{x})$ は機械学習では活性化関数と呼ばれるもので、ベクトル $\vec{x}$ の要素にそれぞれ f という関数を作用させる関数だと考えてください。

　この関数をこれまで見てきた機能を使って書くと、

```
 1  function y(x,W1,W2,b1,b2)
 2    xp = W1*x+b1
 3    m = length(xp)
 4    f(x) = tanh(x)
 5    for i=1:m
 6      xp[i] = f(xp[i])
 7    end
 8    wxp = W2*xp
 9    return wxp[1]+b2
10  end
```

と書くことができます。このコードでは関数 f を作用させるのに for ループを使っていますね。ブロードキャストを用いれば、この書き方よりももっとシンプルな形に書くことができます。シンプルに書いたコードはこちらです：

```
 1  function y2(x,W1,W2,b1,b2)
 2    f(x) = tanh(x)
 3    return W2*f.(W1*x+b1) .+ b2
 4  end
```

（W1 や b1 などを定義して実行してみてください）。見比べてみると、関数の f(x) が f.(x) になっていることがわかると思います。また、.+ というものも使われていますね。この . をつけることで、使っている関数が、配列の要素のそれぞれに作用する関数に変化します。例えば、行列 A に対して exp(A) は通常行列の指数関数：

```
 1  julia> A = [im*pi 1
 2              1 im*pi]
```

```
3   2×2 Matrix{ComplexF64}:
4    0.0+3.14159im  1.0+0.0im
5    1.0+0.0im      0.0+3.14159im
6   julia> exp(A)
7   2×2 Matrix{ComplexF64}:
8    -1.54308+2.87964e-16im  -1.1752+2.18575e-16im
9     -1.1752+2.15106e-16im  -1.54308+2.84495e-16im
```

ですが、. をつけると、

```
1   julia> exp.(A)
2   2×2 Matrix{ComplexF64}:
3      -1.0+1.22465e-16im  2.71828+0.0im
4    2.71828+0.0im             -1.0+1.22465e-16im
```

となります。$1, 1$ 成分が -1 となっているのは、$\exp(i\pi) = -1$ だからです。つまり、それぞれの要素の指数関数が計算されます。. + はそれぞれの要素に足し算をする、という計算になります。また、自分で定義した関数にも使うことができて

```
1   julia> f(x) = cos(x)+exp(3x)
2   f (generic function with 1 method)
3   julia> f.(A)
4   2×2 Matrix{ComplexF64}:
5    10.592+3.67394e-16im  20.6258+0.0im
6   20.6258+0.0im           10.592+3.67394e-16im
```

となります。このように、. をつけることで簡単に配列の要素に作用させられることをブロードキャストと呼びます。

2.4.9 │ 配列の要素の追加と削除

　ベクトルや行列として配列を扱う場合には、数値計算をする上でそれらのサイズが大きくなることはあまりないでしょう。しかし、何かの要素が入った入れ物として配列を扱う場合、要素の数が増えたり減ったりすることはあると思います。Julia を数値計算で使う場合には、あらかじめ配列のサイズがわかっている方が高速に計算できることが多いのですが、必ずしも全ての数値計算で要素の数の合計がわかるわけではありません。そこで、この節では配列の要素を追加する関数：

● push!

● append!

の使い方について見ていきましょう。

　例えば、最終的な要素の数が何個になるかわからず、次々と要素の数を増やしていく場合を考えます。何も入っていない 1 次元配列は

```
1  julia> A = []
2  Any[]
```

と定義できます。ここで Any は配列の要素の型は何でもよい、という意味です。もし倍精度実数型が入る要素数 0 の 1 次元配列を作りたければ

```
1  julia> A = Float64[]
2  Float64[]
```

と [] の前に型の名前を書きます。

　配列要素の型が Any の 1 次元配列に対して、

```
1  julia> A = []
2  Any[]
3  julia> push!(A,2)
4  1-element Vector{Any}:
5   2
```

のように push! という関数を使うと、要素を追加することができます。要素の型が Any ですから、他にいろいろなものを追加することができて、配列：

```
1  julia> push!(A,[1,2])
2  2-element Vector{Any}:
3   2
4    [1, 2]
```

や文字列：

```
1  julia> push!(A,"test")
2  3-element Vector{Any}:
3   2
4    [1, 2]
5    "test"
```

などを入れることができます。なお、配列要素の型が Float64 の 1 次元配列の場合には

```
1  julia> A = Float64[]
2  Float64[]
3  julia> push!(A,2)
```

```
4   1-element Vector{Float64}:
5    2.0
```

のように、整数を入れたとしても自動的に要素の型（ここでは Float64）に変換されて追加されます。そして、

```
1   julia> push!(A,[1,2])
2   ERROR: MethodError: Cannot `convert` an object of type Vector{Int64}
    to an object of type Float64
```

はエラーとなります。配列要素の型を Float64 と決めたのに 1 次元配列 Vector{Int64} を要素として追加しようとしたからです。Julia では配列要素の中身の型が揃っている方がより高速に実行することができるので、もし初めから倍精度実数を入れたい場合には上のように Float64[] を利用します。

　次に、複数の要素をまとめて配列に追加することを考えます。push! を使う場合には

```
1   julia> A = []
2   Any[]
3   julia> push!(A,2,3,4)
4   3-element Vector{Any}:
5    2
6    3
7    4
```

のように , で複数の要素を並べることでまとめて追加することができます。一方、append! を使うと、

```
1   julia> A = Float64[]
2   Float64[]
3   julia> append!(A,[2,3,4])
4   3-element Vector{Float64}:
5    2.0
6    3.0
7    4.0
```

のように、追加したい要素を配列として入力することができます。したがって、もし二つのベクトルを合体させたい場合には、

```
1   julia> A = [1,2,3]
2   3-element Vector{Int64}:
3    1
```

```
 4    2
 5    3
 6   julia> B = [4,5,6]
 7   3-element Vector{Int64}:
 8    4
 9    5
10    6
11   julia> append!(A,B)
12   6-element Vector{Int64}:
13    1
14    2
15    3
16    4
17    5
18    6
```

のように append! が便利です。バージョン 1.6 からは複数の配列を

```
 1   julia> A = [1,2]
 2   2-element Vector{Int64}:
 3    1
 4    2
 5   julia> append!(A,[3,4],[5,6])
 6   6-element Vector{Int64}:
 7    1
 8    2
 9    3
10    4
11    5
12    6
```

のようにまとめて追加することが可能となりました。

　配列を操作する関数は他にも様々なものがありますが、ここでは特定の要素を削除する関数のみを紹介します。deleteat! です。deleteat! は 1 次元配列とその配列要素の削除したいインデックスを指定：

```
 1   julia> A = [10,20,30]
 2   3-element Vector{Int64}:
 3    10
 4    20
 5    30
 6   julia> deleteat!(A,2)
 7   2-element Vector{Int64}:
 8    10
 9    30
```

し、配列要素を削除することができる関数です。この例では2番目の要素を削除しました。複数の
要素をまとめて削除することも可能でして、

```
 1 julia> A = [10,20,30,40]
 2 4-element Vector{Int64}:
 3  10
 4  20
 5  30
 6  40
 7 julia> deleteat!(A,[1,2])
 8 2-element Vector{Int64}:
 9  30
10  40
```

のようにインデックスを直接指定（このときの指定は昇順）したり、

```
 1 julia> B = [10,20,30,40]
 2 4-element Vector{Int64}:
 3  10
 4  20
 5  30
 6  40
 7 julia> deleteat!(B,3:4)
 8 2-element Vector{Int64}:
 9  10
10  20
```

のように範囲で指定することができます。

2.5 型について考える：型と多重ディスパッチ

2.5.1 型とは

　ベクトル、行列、配列を考えるときに、要素の「型」というものが登場しました。この節ではも
う少し型について理解を深めましょう。

　「型」とは、データの格納の仕方と覚えておけばよいでしょう。整数型であれば整数が、実数型
であれば実数が格納されています。例えば、aという変数をa=2と定義してから、その変数aの
型がどうなっているかをtypeof関数で見てみると

```
 1 julia> a = 2
 2 2
 3 julia> typeof(a)
```

```
4 │ Int64
```

となっており、Int64型となっています。この型は64ビット整数型です。64ビット、というのは
表現できる整数の大きさを表します。扱える最小の数と最大の数はtypeminおよびtypemaxと
いう関数で調べることができて、Int64の場合には

```
1 │ julia> typemin(Int64)
2 │ -9223372036854775808
3 │ julia> typemax(Int64)
4 │ 9223372036854775807
```

が最小と最大の数です。a = -9223372036854775808 としてからa -1をするとどのような値
が出るかを見てみてください。Int8であれば、

```
1 │ julia> typemin(Int8)
2 │ -128
3 │ julia> typemax(Int8)
4 │ 127
```

となっており、−128から127までの整数を扱えます。ビットが少ないほどメモリ使用量は少なく
なります。しかし、近年の計算機の場合にはメモリ使用量が理由で計算ができなくなることは多く
はありませんので、整数はとりあえずInt64だけを考えていればよいでしょう。
　さて、bという変数をb = 2.5と定義してから型を調べてみると、

```
1 │ julia> b = 2.5
2 │ 2.5
3 │ julia> typeof(b)
4 │ Float64
```

となり、Float64という型であることがわかります。これは倍精度実数型です。
　Juliaで現れるいろいろな型について、次ページの表2.6にまとめました。SetやDictについて
は後述します。Juliaでは型を自動的に決めてくれますので変数の定義のときに型を書く必要があ
りませんが、もちろん、

```
1 │ julia> a = Int32(8)
2 │ 8
3 │ julia> typeof(a)
4 │ Int32
```

のようにあえて指定することも可能です。GPU（Graphics Processing Unit）を使った機械学習を
やる場合等に単精度実数を定義して扱うことがあるかもしれません。

表 2.6 | Julia で現れる色々な型

Julia での記法	概要
Int64	64 ビット整数
Int32	32 ビット整数
Float64	倍精度実数
ComplexF64	倍精度複素数
String	文字列
Vector{Float64}	要素の型が Float64 であるベクトル
Matrix{Float64}	要素の型が Float64 である行列
Array{Float64,3}	要素の型が Float64 である 3 次元配列
Tuple{Int64, Float64}	Int64 型の要素と Float64 型の要素を持つ要素数 2 のタプル
NTuple{10, Float64}	Float64 型の要素が 10 個入ったタプル
Set{Int64}	型が Int64 の集合（重複する要素を持たない）
Dict{String, Int64}	キーの型が String、中身の型が Int64 の辞書
Union{A, B}	A か B の型のどちらかであると示す型

　Fortran や C などのプログラミング言語では、その変数がどのような型を持っているかをあらかじめ指定しなければなりませんでした。そして、関数を作る場合には、引数にどんな型が来るのかをあらかじめ決めておく必要がありました。一方、Julia では表 2.6 のように型を自動的に決めてくれるので、関数を定義するときに型を指定する必要がありません。例えば、

```
1 │ f(x,y) = x*y
```

という関数を定義してみます。これは引数に x と y が入っていますので、

```
julia> f(2,2)
4
```

のように、整数を二つ入れれば整数が返ってきます。そして、

```
1 │ julia> f(2,1.5)
2 │ 3.0
```

のように、一つ目に整数、二つ目に実数を入れてもちゃんと計算してくれます。さらに、

```
1 │ julia> A = [
2 │       1 2
3 │       3 4]
4 │ 2×2 Matrix{Int64}:
5 │   1  2
```

```
 6 │   3   4
 7 │ julia> B = [10 20
 8 │         30 40]
 9 │ 2×2 Matrix{Int64}:
10 │  10   20
11 │  30   40
12 │ julia> f(A,B)
13 │ 2×2 Matrix{Int64}:
14 │   70   100
15 │  150   220
```

のように、引数に行列を二つ入れても問題ありません。このように、Julia では計算が可能である限り実行してくれます。この関数の場合には、* が定義されている型同士であればちゃんと計算してくれます。例えば、

```
1 │ julia> f("cat","dog")
2 │ "catdog"
```

のように文字列型を入れることもできます。一方、

```
1 │ julia> f(2,"dog")
2 │ ERROR: MethodError: no method matching *(::Int64, ::String)
```

はエラーが出ます。なぜなら、エラーメッセージにあるように、Int64 という整数型の変数と String という文字列の型を「掛け算」する方法がないからです。

2.5.2 | 多重ディスパッチ

上の例で、cat と dog という文字列型同士の「掛け算」の結果として catdog というものが返ってきました。これは数学としての掛け算ではありませんね。Julia では文字列同士の掛け算は文字列同士の連結として定義されています。そのため、この「掛け算」が実行できました。逆に言えば、定義されていない掛け算、つまり、上でエラーの出た整数型の変数と文字列型の変数との掛け算はできません。しかし、どうしてもやりたい、ということもあるでしょう。例えば、「整数と文字列が入った場合には、整数の数だけ文字列を反復する関数」というものを作りたい場合を考えます。Julia にはこれを簡単に行う仕組みが用意されています。それは「多重ディスパッチ」です。

具体的に見ていきましょう。同じ名前の関数を以下のように二つ定義します：

```
1 │ julia> f(x,y) = x*y
2 │ f (generic function with 1 method)
3 │ julia> function f(x::Int64,y::String)
4 │          z = ""
```

```
 5            for i=1:x
 6              z *= y
 7            end
 8            return z
 9          end
10 │ f (generic function with 2 methods)
```

一つ目は最初に登場した関数です。二つ目は引数の部分に x::Int64 と y::String という見慣れないものがありますね。これは、x と y の変数の型を指定していることを意味します。もし、関数 f の引数の型が Int64 と String だった場合にのみ、2番目の関数を呼び出します。同じ名前の関数が型に応じて挙動が変わる機能のことを「多重ディスパッチ」と呼びます。上の例では引数の型が異なる場合を考えましたが、

```
 1 │ julia> f(x) = 10*x
 2 │ f (generic function with 3 methods)
 3 │ julia> f(x,y,z) = 10*x*y*z
 4 │ f (generic function with 4 methods)
 5 │ julia> f(1)
 6 │ 10
 7 │ julia> f(1,2,3)
 8 │ 60
```

のように引数の数を変えることもできます。f (generic function with 4 methods) というのは、「f という関数が4種類定義されている」という意味です。関数 f がどのような引数の組み合わせで定義されているかは methods：

```
 1 │ julia> methods(f)
 2 │ # 4 methods for generic function "f":
 3 │ [1] f(x::Int64, y::String) in Main at REPL[2]:1
 4 │ [2] f(x) in Main at REPL[3]:1
 5 │ [3] f(x, y) in Main at REPL[1]:1
 6 │ [4] f(x, y, z) in Main at REPL[4]:1
```

という関数で調べることができます。掛け算の場合は、

```
 1 │ julia> *
 2 │ * (generic function with 328 methods)
```

となっており、328個の掛け算が定義されています。328個の掛け算にどんなものがあるかは methods(*) を実行して確かめてみてください。

この多重ディスパッチという仕組みを用いることで、コードの記述が簡単になります。例えば、

先ほど登場した掛け算 * について言うと、数字と数字の積の他に文字列と文字列の積が定義されていました。一方、数字と文字列の積は定義されていませんでした。ここで、

```
1  julia> function Base.:*(x::Int64,y::String)
2           z = ""
3           for i=1:x
4            z*= y
5           end
6           return z
7         end
8  julia> *
9  * (generic function with 329 methods)
```

のように、数字と文字列の積として掛け算 * を新しく定義してみましょう。掛け算の数は329個になっています。ここで、掛け算記号 * は Julia の基本機能に含まれているために、Base.:* のように Base. をつけます。なお、掛け算はそのまま書くと記号だということがわかりにくいために * ではなく :* という形に書きます。ここで定義したおかげで、

```
1  julia> 3*"dog"
2  "dogdogdog"
```

のように、新しい掛け算が可能となります。

2.5.3 ｜ 型のヒエラルキー

　Julia では型を意識せずにコードを書くこともできますが、知っておくとより便利にコードを書くことができます。ここでは「型のヒエラルキー」について学びましょう。

　前節で定義した整数と文字列の積は、よくよく見ると Int64 という 64 ビット整数と文字列型 String が引数に入っています。もし、Int32 型の引数を入れようとすると、

```
1  julia> a = Int32(8)
2  8
3  julia> a*"cat"
4  ERROR: MethodError: no method matching *(::Int32, ::String)
```

となってエラーが出てしまいます。これを解決するには Int32 型の引数をとる掛け算を追加で定義してやればよいのですが、これを可能な全ての整数型に対して定義するのは非常に面倒です。そんなときは、

```
1  julia> function Base.:*(x::Integer,y::String)
2           z = ""
```

```
3        for i=1:x
4        z*= y
5        end
6        return z
7    end
```

と x の型を Integer にすれば解決です。Integer という型は Int64 や Int32 を含むだけでなく、他の様々な整数型を含みます。例えば、Int64 は 64 ビットの整数型で正負の値を表現できますが、これとは異なり UInt64 という型は「符号なし 64 ビット整数型」と呼ばれ、0 以上の正の数のみを表現する型です。Integer を引数の型として指定すれば、この型を用いて、

```
1  julia> a = UInt64(3)
2  0x0000000000000003
3  julia> a*"dog"
4  "dogdogdog"
```

と、同様の計算ができます。これは、Julia の型には階層（ヒエラルキー）があるからです。

　型の階層は枝分かれする木（樹形図）を思い浮かべてもらうとわかりやすいかもしれません。一つの枝が複数の枝に分かれ、その複数の枝もまた枝分かれして、という図が樹形図です。枝分かれの先に行けば行くほどより細かく分類されていきます。そして枝の先には葉がついています。葉が Int32 や Int64 を表し、枝分かれのポイントが Integer になっています。あるいは、住宅の住所を思い浮かべてもよいかもしれません。例えば、国会議事堂の住所は「東京都千代田区永田町 1 丁目 7-1」ですが、「東京都」の「千代田区」の「永田町」の「1 丁目」の「7-1」という階層構造があります。これは「都道府県」、「区」、「町」、「丁目」、「番地」という構造がありますよね。国会議事堂が実際に建っている場所は「番地」がわからない限りわかりません。この「番地」に対応するのが Int32 や Int64 になります。ここで、型には 2 種類あることがわかります。

- concrete type: Int32、Int64、Float64 など、階層の下に型を持たないもの
- abstract type: Integer など、階層の下を持つもの

concrete type は日本語に訳すと「具体的な型」です。これは「実際にデータが格納されている型」です。国会議事堂の住所でいうところの「番地」に対応しており、「実際に建物が建っている場所（つまり土地）」に等しいです。

　一方、abstract type は日本語に訳すと「抽象的な型」です。これはデータは格納されていない型です。この型は国会議事堂の住所でいうところの「区」に対応しており、「これだけ指定しても建物の場所を特定できない」ことに対応しています。

　つまり、全てのデータは何らかの concrete type に属しています。これは建物が何らかの土地に建っているのと等しいです。abstract type を指定すると、住所でいうところの「区」を指定しているのと同じで、「その区にある土地」を対象にすることができます。先ほどの Integer はこれに対応しており、いちいち番地を指定せずに複数の土地を対象にできているわけです。

　階層を調べる関数として supertype と subtypes があります。supertype は住所でいうところのより上の区分を調べる関数です。Int32 に繰り返し適用してみましょう。

```
1  julia> supertype(Int32)
2  Signed
3  julia> supertype(Signed)
4  Integer
5  julia> supertype(Integer)
6  Real
7  julia> supertype(Real)
8  Number
9  julia> supertype(Number)
10 Any
```

これを見ると、Int32 は「Any」「Number」「Real」「Integer」「Signed」「Int32」という住所を持っているようです。それぞれを日本語にすると「任意」「数字」「実数」「整数」「符号型」「32ビット整数」となります。この階層構造の途中の Real に subtypes 関数を適用させてみます。

```
1  julia> subtypes(Real)
2  4-element Vector{Any}:
3   AbstractFloat
4   AbstractIrrational
5   Integer
6   Rational
```

このように、四つの型が出てきました。そのうちの一つは Int32 が属している Integer 型ですね。このように配列として出力されるのであれば、繰り返し処理で階層の下にある型を明らかにできそうです。

```
1  julia> function get_subtypes(type,num)
2             types = subtypes(type)
3             num += 1
4             if length(types) > 1
5               for subtypes in types
6                 println(num*" ",subtypes)
7                 types = get_subtypes(subtypes,num)
8               end
9             end
10            return types
11         end
```

この関数では前の節で定義した Integer と String の積の関数 * を用いていますので、定義されていない方は定義しておいてください。なお、この関数 get_subtypes は内部で自分自身を呼ん

でいます。Julia ではこのような再帰的呼び出しが可能です。この再帰的呼び出しによって繰り返し処理を実現しています。

では、この関数を Integer に適用してみましょう。

```julia
julia> get_subtypes(Integer,1)
  Bool
  Signed
   BigInt
   Int128
   Int16
   Int32
   Int64
   Int8
  Unsigned
   UInt128
   UInt16
   UInt32
   UInt64
   UInt8
Type[]
```

このように、Integer から下の階層構造が見えました。同様に Real に適用すると何が起きるか確かめてみてください。なお、Any に適用すると大変なことになりますので、気をつけてください。Any は住所でいうところの「日本」みたいなものですから、下の階層は非常に多いです。

2.5.4 │ 使うと便利な型

配列はデータが一まとめにされていて、インデックスを指定すれば要素を取り出すことができます。配列という概念は Fortran や C などを使ったことがある方でしたら、よく馴染みがあると思います。Julia は 2010 年代に開発が始まった比較的新しい言語ですので、配列の他にも使いやすい型がデフォルトで実装されています。この節では数値計算にも役に立つ型として

● Set：集合型変数
● Dict：辞書型変数

の二つについて学ぶことにします。

Set は文字通り集合を表す型です。つまり、重複しない要素が入った配列と思ってください。例えば、

```julia
julia> a = Set()
Set{Any}()
```

のように定義することができて、push! を使うことで

```
1  julia> push!(a,4)
2  Set{Any} with 1 element:
3    4
4  julia> push!(a,"dog")
5  Set{Any} with 3 elements:
6    5
7    4
8    "dog"
```

のように要素を追加していくことができます。もし、既に持っている要素を push! しようとすると

```
1  julia> push!(a,"dog")
2  Set{Any} with 3 elements:
3    5
4    4
5    "dog"
```

のように何も起きないので、重複しない要素を集めるときに便利です。なお、Set に入る要素の型は

```
1  julia> a = Set{Float64}()
2  Set{Float64}()
```

のように Set{T}() の T を指定することで制限できます。

　Dict は辞書型と呼ばれるもので、Python などでも実装されています。配列ではインデックスとして整数を指定して要素を取り出しますが、この型の場合にはインデックスとして任意のものを指定して要素を取り出すことができます。通常はインデックスとして文字列型 String を取ることが多いので、辞書を引くように要素を取り出すことから辞書型と呼ばれています。使い方は

```
1   julia> a = Dict()
2   Dict{Any, Any}()
3   julia> a["age"] = 4
4   4
5   julia> a["name"] = "taro"
6   "taro"
7   julia> a[3] = 10
8   10
9   julia> a
10  Dict{Any, Any} with 3 entries:
11    "name" => "taro"
12    3      => 10
13    "age"  => 4
```

というように、push! を使わずに要素を追加することができます。インデックスとして指定しているものをキーと呼びます。要素の取り出しは

```
1  julia> "yamada "*a["name"]
2  "yamada taro"
```

のようにそのままキーを指定すれば OK です。数値計算では、計算のパラメータの設定にこの辞書型を使うと便利かもしれません。

2.6 パラメータや変数をまとめる：struct

　ここまで、Julia には様々な型があることを見てきました。そして、Set 型や Dict 型のように特殊な振る舞いをする便利な型があることもわかりました。この節では、自分で自由に型を設計することでより便利にコーディングする方法について学びます。

2.6.1 structのご利益

　自分だけの独自の型は struct で定義することができます。しかし、独自の型が定義できるというご利益については使ったことがない方はあまりピンとこないでしょうから、具体例と共に見ていくことにしましょう。ここでは、複数の粒子が動き回る状況を考えたいとします。最初は 1 次元空間に粒子が二つある状況を考えます。それぞれの粒子は位置 x と速度 v を持つとします。そして、粒子の相対速度を計算したいとします。

　一番素朴なコードの書き方は、それぞれの粒子の位置と速度を

```
1  julia> x1 = 0.2
2  0.2
3  julia> v1 = 1
4  1
5  julia> x2 = 0.4
6  0.4
7  julia> v2 = 2
8  2
```

と定義して、相対速度を求める関数を

```
1  julia> relative(v1,v2) = v1-v2
2  relative (generic function with 1 method)
```

と定義することでしょうか。これを使えば、

```
1  julia> relative(v1,v2)
2  -1
```

のように簡単に計算できます。

さて、今は1次元の空間を考えていましたが、3次元の空間を考えたくなったとします。その場合は、3次元空間ですから、粒子はx,y,zで指定された位置にvx,vy,vzの速度でいることを考えたいです。素朴には、x,y,zとvx,vy,vzの六つの変数を定義すれば先ほどと同じように計算ができそうです。しかし、この書き方の場合、相対速度を求める関数は

```
1  julia> function relative(vx1,vy1,vz1,vx2,vy2,vz2)
2             return vx1-vx2,vy1-vy2,vz1-vz2
3         end
4  relative (generic function with 2 methods)
```

のような形でそれぞれの速度を引数に持つため引数が多いです。それに、相対速度のような簡単な場合にはまだ書き換えは対応できますが、もう少し難しい計算があった場合は、1次元から3次元への拡張はなかなか大変になるでしょう。また、2次元の計算がやりたくなった場合には、一から書き直しになります。

このような状況を避ける一番シンプルな方法は、1次元配列、つまりベクトルを使うことです。粒子の位置と速度をx,y,z,vx,vy,vzの6つの変数で表すのではなく、3成分を持つ位置ベクトルと速度ベクトルの二つで表してみます。例えば、相対速度を計算したいのであれば、速度を

```
1   julia> v1 = [2,1.4,-2.1]
2   3-element Vector{Float64}:
3      2.0
4      1.4
5     -2.1
6   julia> v2 = [3.1,1.2,0.4]
7   3-element Vector{Float64}:
8      3.1
9      1.2
10     0.4
```

と定義すれば、先ほど定義した relative(v1,v2) は v1 や v2 が1次元配列でも構わないためにそのまま計算でき、

```
1  julia> relative(v1,v2)
2  3-element Vector{Float64}:
3    -1.1
```

```
4   0.19999999999999996
5   -2.5
```

とできます。もし、二つの粒子の位置と速度を用いて計算する関数が必要であれば、引数は3成分
持つベクトル4本 r1,v1,r2,v2 となります。x1,y1,z1,vx1,vy1,vz1,x2,y2,z2,vx2,vy2,
vz2 という12個の引数を取るよりははるかにシンプルになっています。

　しかし、もし、粒子の情報として位置と速度の他に質量が必要となった場合はどうなるでしょう
か？　m1 や m2 を新しく定義するのも一つの手ですが、今後さらに他の情報が付加されていく可
能性もまだあるかもしれません。全部の情報を使う計算がしたい場合には、情報が付加されていく
たびに引数の形が増えていくことになり、ちょっとした書き間違えによるバグの混入の可能性も上
がってくるでしょう。

　この問題を解決する素朴な方法の一つは、配列を使うことです。つまり、

```
1   julia> m1 = 0.3
2   0.3
3   julia> r1 = [0.2,0.5,0.1]
4   3-element Vector{Float64}:
5    0.2
6    0.5
7    0.1
8   julia> v1 = [0.3,2,-1]
9   3-element Vector{Float64}:
10    0.3
11    2.0
12   -1.0
```

のようにバラバラの情報を

```
1   julia> atom1 = [r1,v1,m1]
2   3-element Vector{Any}:
3    [0.2, 0.5, 0.1]
4    [0.3, 2.0, -1.0]
5    0.3
```

のように新しい配列を定義してしまえば、質量は例えば、

```
1   julia> atom1[3]
2   0.3
```

で取り出せますし、どれだけ情報が増えても配列の長さを増やせばいいだけですから、計算のため
に使う関数の引数は二つの粒子であれば二つだけになります。

次に、ここまで紹介してきた Julia の型を使ってみましょう。例えば、Dict 型を使えば、

```
1  julia> atom1 = Dict()
2  julia> atom1["r"] = r1
3  julia> atom1["v"]=v1
4  julia> atom1["mass"]=m1
5  julia> atom1
6  Dict{Any, Any} with 3 entries:
7    "v"    => [0.3, 2.0, -1.0]
8    "mass" => 0.3
9    "r"    => [0.2, 0.5, 0.1]
```

と位置と速度と質量を設定しておけば、簡単に取り出すことができますね。このような方法は計算に使うパラメータを設定する用途の場合にはよいのですが、まだ十分ではありません。というのは、atom1 という Dict 型には何でも入ってしまいますので、コードを書いているうちに

```
1  julia> atom1["mas"] = 2
2  2
3  julia> println(atom1["mass"]*2)
4  0.6
```

のようなことが起こりうるからです。この場合なら、「2を入れたはずなのに、その2倍が0.6とは⁉」という混乱が起きます。上のコードは atom1["mass"] と書きたかったのに atom1["mas"] と書いてしまっています。このようなプログラム上のミスをバグと呼びますが、バグをなるべく発生させない、発生した場合にわかりやすくする、というのは生産性をあげる上で重要です。

さて、色々な例を見てきましたが、ここで自分で独自の型を作ってしまいましょう。独自型には

● struct

● mutable struct

という2種類があります。struct は一度定義したら中身を変更ができないもの、mutable struct は中身を変更が可能なものと覚えておくとよいでしょう。上の例であれば、

```
1  julia> mutable struct Atom
2             r
3             v
4             mass
5         end
```

のように Atom 型を定義するとよいでしょう。この Atom 型は r、v、mass の要素（フィールドと呼びます）を持ちます。Atom 型の変数を定義するには、

```
1 │ julia> atom1 = Atom(r1,v1,m1)
2 │ Atom([0.2, 0.5, 0.1], [0.3, 2.0, -1.0], 0.3)
```

とそれぞれの変数を並べます。値を取り出したり変更したりするためには、

```
1 │ julia> atom1.r
2 │ 3-element Vector{Float64}:
3 │  0.2
4 │  0.5
5 │  0.1
6 │ julia> atom1.mass
7 │ 0.3
8 │ julia> atom1.mass = 0.2
9 │ 0.2
```

のように `.` をつけます。C 言語や Python を触れたことがある人であればこのような書き方は見慣れているかもしれません。Julia での独自型である `struct` や `mutable struct` は、Fortran や C でいうところの構造体、Python でいうところの class のようなものです。Julia は狭義のオブジェクト指向ではありませんが、`struct` を使うことでオブジェクト指向とほぼ同等のことができます。オブジェクト指向プログラミング経験者向けの説明は 7.1.7 節で述べます。

2.6.2 │ 実用的な struct の定義

上で定義した `struct` は実は数値計算をする上では実用的ではありません。というのは、`struct` に格納されている型についての情報がないからです。Atom 型は `mutable struct` として定義されていますから、変更が可能です。したがって、

```
1 │ julia> atom1.mass = [0.2,0.4]
2 │ 2-element Vector{Float64}:
3 │  0.2
4 │  0.4
```

のように、最初に数字を入れていた mass に 2 成分の配列を入れることができてしまいます。`mutable struct` の代わりに `struct` を使えばこれを防ぐことができますが、今度は値を変更することができません。また、Julia に限らずどんなプログラミング言語も最終的にはコンピュータが理解できる機械語にコードを変換してから実行しますが、`struct` のフィールドの変数の中に数字が入るのか配列が入るのかわからないと、最適なコードを生成することができず、計算速度が遅くなってしまいます。そこで、実際に `struct` を使う場合には、

```
1 │ julia> mutable struct Atom_new
```

```
2              r::Array{Float64,1}
3              v::Array{Float64,1}
4              mass::Float64
5           end
```

のようにあらかじめフィールドの変数の型を指定することが多いです。この例では、r と v は成分
が倍精度実数 Float64 の 1 次元配列、mass は倍精度実数 Float64 としました。このようにあ
らかじめ型を指定しておくことで、意図しない変数の型変更を防ぐことができます。

2.6.3 | structと多重ディスパッチ

　struct を使って変数をまとめただけでは、まだそのご利益を実感しにくいかもしれません。そ
こで、多重ディスパッチを使って、struct の便利さを体感してみましょう。

　Julia には display という関数があり、これは変数を "いい感じ" に表示してくれる関数です。
例えば、行列は

```
1  julia> a = rand(3,3)
2  3×3 Matrix{Float64}:
3   0.513435  0.180514  0.471435
4   0.441366  0.462863  0.934335
5   0.514258  0.208944  0.0035423
6  julia> display(a)
7  3×3 Matrix{Float64}:
8   0.513435  0.180514  0.471435
9   0.441366  0.462863  0.934335
10  0.514258  0.208944  0.0035423
```

のようになります。これまでずっと REPL で実行してきましたが、その出力は実は display 関数
によって表示されていたのです。先ほど定義した Atom 型に対して display 関数を適用してみる
と、

```
1  julia> display(atom1)
2  Atom([0.2, 0.5, 0.1], [0.3, 2.0, -1.0], 0.2)
```

となります。入力した値が全て表示されているのでこれはこれで問題ないかもしれませんが、もう
少しわかりやすい表示にしたいです。その場合には、display 関数が引数として Atom 型を取っ
たときの挙動を

```
1  julia> function Base.display(a::Atom)
2            println("r = ",a.r)
3            println("v = ",a.v)
```

```
4          println("mass = ",a.mass)
5      end
```

のように定義してしまいます。これにより、display 関数を実行すると

```
1  julia> display(atom1)
2  r = [0.2, 0.5, 0.1]
3  v = [0.3, 2.0, -1.0]
4  mass = 0.2
```

と自分が定義した挙動に変わります。これは前の節で述べた多重ディスパッチ（同じ関数名で型によって異なる挙動を示す）という機能によって実現されています。もし、オブジェクト指向プログラミングが可能な言語で同様のことを行う場合には、定義したクラスの内部に display 関数を定義するでしょう。定義する場所と関数の呼び方が違うだけで、Julia でもオブジェクト指向な考え方でコーディングすることができます。

Column | **Julia とオブジェクト指向**

Julia は 2010 年代に生まれたモダンなプログラミング言語ですが、他の多くのメジャーな言語と違ってオブジェクト指向ではないように見えます。オブジェクト指向な言語にあるクラスという概念が存在しないからです。

では、Julia ではオブジェクト指向な考え方でコーディングすることが不可能なのでしょうか？　実は、可能です。

オブジェクト指向プログラミングとは何かという問いはなかなか難しいですが、一言で言えば、「プログラムを部品に分けて部品を組み上げるようにコーディングする」ということではないかと思います。一つ一つの部品の動作は部品ごとに定まっており、一つの部品の修正がコードの他の場所に波及しないことが重要です。その一つの方法として、他の言語でのクラスという概念があります。設計したクラスには値とそのクラス専用の関数があり、クラス専用の関数を通じて値を操作します。例えば、あるクラスの「和」を計算したい場合には、

```
a.sum()
```

のような書き方をします。一方、Julia では、独自型 struct の中で値を定義し、定義した独自型を引数にする関数が値を操作します。ある struct の「和」を計算したい場合には、

```
1  sum(a)
```

となります。乱暴な言い方をすれば、違いは変数 a の場所だけです。オブジェクト指向言語の場合にはオブジェクト（モノ）が a であることをはっきり示しており、便利かもしれません。しかし、二つの粒子が衝突するときなど、同等のモノが複数ある場合はその衝突はどちらに「属している」のでしょうか？　Julia では、二つの独自型が仲良く引数となります。sum(a) という書き方は FORTRAN77 などと同じ手続き型プログラミングと似ていますから、「Julia ではオブジェクト指向プログラミングできないのでは？」と誤解するかもしれません。

　Julia では多重ディスパッチによって「プログラムを部品に分けて部品を組み上げるようにコーディングする」ことを実現します。多重ディスパッチとは同じ名前の関数でも引数の型によって挙動を変える機構のことを意味しますが、上の例で言えば sum という関数は型の数だけ異なる動作が可能です。これによって、独自型特有の sum を定義することができます。そのため、コードの中では、独自型の詳細について考えずにただ sum を実行すれば望みのものが得られます。

　つまり、struct をクラスと同様に扱ってコードを書くことでオブジェクト指向の目的を達成できます。よりオブジェクト指向的に書く書き方については、7 日目に少し述べています。

2.7 一通りのセットとしてまとめる：module

　struct について理解できれば、あとは module について理解すれば、Julia での数値計算の準備がほぼ整ったと言えるでしょう。これまで登場してきた多重ディスパッチの例において、Base.display という関数が登場していました。ここで、Base. という部分がありますが、これについては説明してきませんでした。実は、この Base というものが module の名前です。

　module とは、その名前の通り、プログラムを組み立てるためのユニットです。これを使うとより便利にわかりやすいコードを書くことができます。

2.7.1 includeによるコードの整理

　これまでのコードの例は全て REPL 上で実行してきました。しかし、毎回毎回 REPL 上でコードを書くのは大変です。自分の好みのテキストエディタで書いてそれを実行することができれば、より大規模な数値計算が容易になります。この節では複数のファイルに分かれたコードを include でまとめる方法について述べます。

　1 日目の最初に述べたように、

```
julia test.jl
```

のような形で Julia のコードを実行することができます。例えば、test.jl として

```
1  a = 4
2  b = 5
3  A = [1 2
4  3 4]
5  println(a*b*A)
```

を作成しましょう。これを実行すると、

```
[20 40; 60 80]
```

という結果が出力されます。

次に、別のファイル、test2.jl として

```
1  include("test.jl")
2  B = [3 4
3     5 6]
4  C = A + B
5  println(C)
```

を作成しましょう。これを実行すると、

```
1  [20 40; 60 80]
2  [4 6; 8 10]
```

となります。ここで使った include("test.jl") は、test.jl を include を呼び出した位置に書き出したようなものだと思ってください。つまり、test2.jl は

```
1  a = 4
2  b = 5
3  A = [1 2
4  3 4]
5  println(a*b*A)
6  B = [3 4
7     5 6]
8  C = A + B
9  println(C)
```

と等価です。このように、include を使うことで、複数のファイルに書かれたコードを一つのコードに集めることができます。それぞれの使用用途ごとに異なるファイルに書き出せば、情報を整理しやすくなるでしょう。

2.7.2 | 関数の上書き

include は便利な関数ですが、このまま素朴に使うと問題が生じることがあります。問題が生じる例について見ていきましょう。

まず、original.jl が

```julia
1 │ function tasu(a,b)
2 │     println("tasu in original.jl")
3 │     return a+b
4 │ end
5 │ function supercoolfunction(a,b)
6 │     return tasu(a,b)/b
7 │ end
8 │ println(supercoolfunction(4,10)," in original.jl")
```

だとします。次に、この original.jl を include したコードとして main.jl

```julia
1 │ include("original.jl")
2 │ function tasu(a,b)
3 │   println("tasu in main.jl")
4 │   return a+2b
5 │ end
6 │ println(supercoolfunction(4,10)," in main.jl")
```

を書きました。これを実行すると、

```
tasu in original.jl
1.4 in original.jl
tasu in main.jl
2.4 in main.jl
```

となります。どちらも supercoolfunction(4,10) を表示させているはずなのに、値が変わってしまっています。これは tasu という関数を main.jl で再定義してしまったために、original.jl にある supercoolfunction で呼び出している tasu が main.jl のそれに置き換わってしまったからです。

このように、素朴にコードを include した場合、同じ名前の関数を偶然にも使ってしまうと、include されたコードの挙動が変化してしまいます。このような状態になっていると、デバッグがとても大変です。ちなみに、Julia には多重ディスパッチがありますから、もし main.jl の tasu が

```julia
1 │ function tasu(a)
2 │   println("tasu in main.jl")
```

```
3      return 2a
4  end
```

のように original.jl の引数の数と異なっていれば、両方とも定義されたことになりますので、
original.jl の supercoolfunction の挙動は変わらずにすみます。しかし、「コードを書く側が気
をつける」というコーディングスタイルは容易にバグを埋め込んでしまいますので、そうならない
ようにしてあったほうが生産性が上がります。

2.7.3 | moduleの使用

　プログラミングで重要なことの一つは、「なるべくバグを生みにくく、生んだバグを発見しやす
くコーディングをする」ことです。一人で小規模なコードを書いているうちはやろうと思えば全て
のコードを把握できるので、バグを取るのは比較的容易です。しかし、ある程度コードが大きくなっ
てきたり、書いた時から時間が経ちすぎてしまうと、自分が書いたコードの意図がわからなくなっ
てしまい、何がバグで何が仕様かもわからなくなってしまいます。そうならないためには、プログ
ラムを部品ごとに分けて、部品のそれぞれが依存しすぎないようにすることが大事です。

　Julia でそれを行う方法の一つが、module の方法です。上で述べた例の original.jl を以下のよう
にします。

```
1  module Original
2      function tasu(a,b)
3          println("tasu in original.jl")
4          return a+b
5      end
6      function supercoolfunction(a,b)
7          return tasu(a,b)/b
8      end
9  end
```

そして、main.jl を

```
1  include("original.jl")
2  using .Original
3  function tasu(a,b)
4    println("tasu in main.jl")
5    return a+2b
6  end
7  println(Original.supercoolfunction(4,10)," in main.jl")
```

とします。これを実行すると、

```
tasu in original.jl
```

```
1 | 1.4 in main.jl
```

となります。出力された文章から、ちゃんと original.jl の関数 tasu を呼んでいることがわかります。

　original.jl では、`module Original` と `end` でコードを囲んでいます。ここでの `Original` は `module` の名前です。`module` で囲まれたコードのブロックは、たとえ include されていても他のコードからは見えなくなります。`module` の中身を扱いたいときは上で書いたように

```
1 | using .Original
```

とします。ここで、`.Original` の `.` は `module` がある場所を示しており、そのコードからの相対位置を表します。例えば、

```
 1 | module Util
 2 |     function util()
 3 |         println("util")
 4 |     end
 5 | end
 6 |
 7 | module Original
 8 |     using ..Util
 9 |     function originalfunc()
10 |         Util.util()
11 |     end
12 | end
13 |
14 | using .Original
15 | Original.originalfunc()
```

というコードがあったとします。`Original` という `module` の中では、`Util` という名前の `module` を呼び出しています。`Util` は `Original` という `module` の外にありますので、ドット `.` が二つついています。これはファイル操作をするときに、一つ上の階層のディレクトリなどを移動するときにおなじみの表現ですね。

　上の例では、`using .Original` とした後に、`Original.originalfunc()` としています。ここでの `Original.` は `module` の名前を表しています。関数の名前は `Original.originalfunc()` です。

```
1 | using .Original
2 | function originalfunc()
3 |     println("it is not in Original")
4 | end
5 | Original.originalfunc()
```

```
6 │ originalfunc()
```

とすると、

```
util
it is not in Original
```

となり、Original.originalfunc() と originalfunc() は異なる関数となっています。
　このように、module を使うことで名前を分けることができますから、include 文を使ったと
しても、意図しない関数の再定義や挙動の変更を伴わずに安心して使うことができます。

2.7.4 │ module内の関数の機能拡張

　module を使えば include で開いたコードの挙動に影響を与えないことはわかりました。一方
で、module 内に定義した関数の機能を増やしたいこともあると思います。例えば、

```
1 │ module Util
2 │     function util()
3 │         println("util")
4 │     end
5 │ end
```

という module があったとします。この中に定義された関数 util() は引数を取りません。ここに、
引数を一つ取る util(string) という関数を後から追加するには、一度 using で呼び出してから、

```
1 │ using .Util
2 │ function Util.util(string)
3 │     println(string," outside Util")
4 │ end
```

のように定義すればよいです。これは多重ディスパッチで Util.util(string) を追加したこと
に対応しています。これを行った後であれば、別の module 内でもこの関数を使うことができて、

```
1 │ module Original
2 │     using ..Util
3 │     function originalfunc()
4 │         Util.util()
5 │         Util.util("original")
6 │     end
7 │ end
8 │ using .Original
```

```
9 │ Original.originalfunc()
```

のようにすることができます。この module に対する機能拡張は Julia の面白い機能の一つで、「呼び出した module の機能が物足りなければ足してもよい」ということになります。この方法の良い点は、「呼び出した module の詳細を見る必要なく新しい同名の関数を作れる」という点です。ですので、呼び出した module が十分に動作すると確認さえしていれば、中身をいじってバグを混入させる心配なくコーディングすることができます。

2.7.5 │ module名の省略

　module を呼び出して毎回 module 名をつけて関数を呼び出すのを面倒と感じる場合があるかもしれません。その場合には、

```
 1 │ module Util
 2 │     export util
 3 │     function util()
 4 │         println("util")
 5 │     end
 6 │ end
 7 │ using .Util
 8 │ util()
```

のように、export で指定した関数は呼び出したときに module 名をつける必要はありません。なお、module の中にたくさん export された関数がある場合には、

```
 1 │ using .Util:util
```

のようにすることで、名前なしで呼べる関数を制限できます。ただし、

```
 1 │ module Util
 2 │     export util
 3 │     function util()
 4 │         println("util")
 5 │     end
 6 │
 7 │     function util2()
 8 │         println("util2")
 9 │     end
10 │ end
11 │ using .Util:util
12 │ Util.util2()
```

の Util.util2() のように、module 名さえつければ呼び出すことはできます。

さて、この export を用いた module 名省略は呼び出しの利便性のために用意されています。つまり、先ほどと同じように多重ディスパッチで機能を拡張しようとして

```
1   module Util
2       export util
3       function util()
4           println("util")
5       end
6   end
7   using .Util
8   util()
9   function util(string)
10      println(string," outside Util")
11  end
```

とすると

```
1   util
2   ERROR: LoadError: error in method definition: function Util.util
    must be explicitly imported to be extended
```

とエラーが出ます。機能を拡張したい場合にはちゃんと

```
1   using .Util
2   function Util.util(string)
3       println(string," outside Util")
4   end
5   Util.util()
6   Util.util("original")
```

のように Util.util と module 名 Util をつける必要があります。混乱するポイントなので気をつけてください。

2.7.6 | usingとimportの違い

ここまで、module を呼び出すのに using を使ってきました。しかし、Julia には import というものも使うことができます。この違いはわかりにくいのですが、一言で言えば、「using は借りてくる、import は自分のものにする」という感じです。

import を使う場合には、

```
1   module Util
2       export util
```

```
 3        function util()
 4            println("util")
 5        end
 6
 7        function util2()
 8            println("util2")
 9        end
10   end
11   import .Util
12   Util.util()
13   Util.util2()
```

のようにします。この場合は using と変わらない使い方です。ただし、import は export で名前を挙げられているかは関係がなく、

```
 1   util()
```

のように module 名を省略して呼び出すことはできません。module 名を省略したい場合には

```
 1   import .Util:util
 2   Util.util()
 3   Util.util2()
 4   util()
```

のようにします。using のときと同じく、module 名をつけておけばどの関数も呼べることに注意してください。

using と import の違いは、.Util:util とした場合には

```
 1   import .Util:util
 2   function util(string)
 3       println(string," outside Util")
 4   end
 5   util()
 6   util("original")
```

ができることです。using:util では module 名を書かなければ多重ディスパッチの関数を定義できませんでしたが、import:util では util という関数はもう自分の関数のように使うことができるために、定義できます。なお、

```
 1   module Original
 2       import ..Util
 3       function originalfunc()
```

```
4            Util.util()
5            Util.util("original")
6        end
7    end
8    using .Original
9    Original.originalfunc()
```

も可能です。つまり、import:util は module 名を省略して util を扱える、ということを意味しています。

　この二つを使い分ける必要はあまりありません。自分の好きな方を使えばよいと思います。基本的には using を使っておけば問題はないでしょう。import を使うと便利な例としては、

```
1    module Util
2        function util()
3            println("util")
4        end
5    end
6    module Original
7        import ..Util:util
8        function util(string)
9            println(string," outside Util")
10       end
11   end
12   import .Original:util
13   util()
14   util("original")
```

でしょうか。ここでは、Util という module の関数 util の機能を拡張するために Original で import しています。これによって、util は Original の関数として、import が可能です。もし、

```
1    module Util
2        function util()
3            println("util")
4        end
5    end
6    module Original
7        using ..Util
8        function Util.util(string)
9            println(string," outside Util")
10       end
11   end
12   import .Original:util
```

としてしまうと、

```
1 │ WARNING: could not import Original.util into Main
2 │ ERROR: LoadError: UndefVarError: util not defined
```

とエラーが出てしまいます。その意味で、「using は借りてくる、import は自分のものにする」
という違いがあるのでした。

2.8 微分方程式を解く：パッケージの使用

　Julia の一通りの機能について、ざっとですが、紹介してきました。具体的な数値計算のコード
作成は 3 日目に行いますが、2 日目の最後の 2 項目は、他の方が作ったライブラリを使って問題を
解く方法について見ていきましょう。

　どんなプログラミング言語でもそうだと思いますが、ある特定のことを実行するコードを作成す
る場合、すでに誰かが作って動作検証をしたコードがあるならば、それを使った方が安全で迅速に
行えるでしょう。Julia では様々なライブラリが開発されており、それらを手軽に実行できるよう
な環境が整えられています。

　この節では、微分方程式を解くパッケージ DifferentialEquations.jl を使ってみましょう。

2.8.1 パッケージのインストールの仕方

　Julia ではパッケージのインストールはとても簡単です。まず、REPL に入ってから、] キーを押
します。すると、

```
1 │ julia>
```

が

```
1 │ (@v1.6) pkg>
```

に変わったと思います。これをパッケージモードと呼びます。Delete キーを押すと元に戻ります。
ここで、

```
1 │ (@v1.6) pkg> add DifferentialEquations
```

とすると、DifferentialEquations.jl がインストールされます。DifferentialEquations.jl が必要としてい
いる他のライブラリは自動でインストールされます。なお、Julia のパッケージには末尾に .jl をつ
けます。インストールするときは .jl なしの名前を入力します。

2.8.2 | 常微分方程式の設定

ここで

$$\frac{du}{dt} = 1.01\, u(t)$$

という微分方程式を初期値 $u(t=0)=0.5$ で $t=0$ から $t=1$ まで解きたい場合を考えます。

まず、パッケージを using で読み込みます。

```
1 | using DifferentialEquations
```

これで DifferentialEquations.jl というパッケージの中の関数がいろいろ使えるようになりました。微分方程式を解くには、まず問題設定を

```
1 | f(u,p,t) = 1.01*u
2 | u0=1/2
3 | tspan = (0.0,1.0)
4 | prob = ODEProblem(f,u0,tspan)
```

と決めます。f(u,p,t) = 1.01*u は微分方程式を定義しており、u0=1/2 は初期値です。tspan = (0.0,1.0) は t の範囲を 0 から 1 としたことに対応します。ODEProblem(f,u0,tspan) はそれらを設定した DifferentialEquations.jl に定義されている struct prog を作る関数です。

2.8.3 | パッケージのヘルプを見る

Julia では、パッケージで使った関数を REPL で簡単に見ることができます。REPL をヘルプモードにするには、？を押して

```
1 | help?>
```

とします。上で使った ODEProblem のヘルプを見るには、

```
1 | help?> ODEProblem
2 | search: ODEProblem ODEProblemExpr RODEProblem SplitODEProblem Dynam-
  | icalODEProblem IncrementingODEProblem SecondOrderODEProblem
3 |
4 |   struct ODEProblem{uType, tType, isinplace, P, F, K, PT} <: Dif-
  | fEqBase.AbstractODEProblem{uType, tType, isinplace}
5 |
6 |   Defines an ODE problem.
7 |
8 |   Fields
```

```
 9      ========
10
11        •  f The ODE is du/dt = f(u,p,t).
12
13        •  u0 The initial condition is u(tspan[1]) = u0.
14
15        •  tspan The solution u(t) will be computed for tspan[1] ≤ t ≤
        tspan[2].
16
17        •  p Constant parameters to be supplied as the second argument
        of f.
18
19        •  kwargs A callback to be applied to every solver which uses
        the problem.
20
21        •  problem_type
22
23      ────────────────────────────────────────────────────────
24
25      ODEProblem(f::ODEFunction,u0,tspan,p=NullParameters(),callback=
        CallbackSet())
26
27      Define an ODE problem from an ODEFunction.
28
29      ────────────────────────────────────────────────────────
30
31      function DiffEqBase.ODEProblem{iip}(sys::AbstractODESystem,u0map,
        tspan,
32                          parammap=DiffEqBase.NullParameters();
33                          version = nothing, tgrad= false,
34                          jac = false,
35                          checkbounds = false, sparse = false,
36                          simplify = true,
37                          linenumbers = true, parallel= SerialForm(),
38                          kwargs...) where iip
39
40      Generates an ODEProblem from an ODESystem and allows for automat-
        ically symbolically calculating numerical enhancements.
```

とします。これを見ると、**ODEProblem** の引数に何を入れればよいかわかります。

　例えば、f The ODE is du/dt = f(u,p,t) とありますので、u を t で微分する関数を設定すればよいことがわかります。また、p はヘルプにあるように、パラメータです。

2.8.4 | 常微分方程式を解く

　問題を設定しましたので、あとは解くだけです。解くには

```
1 │ julia> sol = solve(prob,Tsit5(),reltol=1e-8,abstol=1e-8)
```

とするだけです。これで微分方程式の答えが sol というものに格納されました。DifferentialEquations.jl が対応する常微分方程式の数値解法は様々なものがありますが、Tsit5() はそのうちの一つの 5th order Tsitouras 法と呼ばれるものです。reltol は相対誤差、abstol は絶対誤差です。

　あとは答えを表示させてみましょう。

```
1 │ julia> nt = 50
2 │ 50
3 │ julia> t = range(0.0, stop=1.0, length=nt) #0.0から1.0までのnt点を生成
  │ する
4 │ 0.0:0.02040816326530612:1.0
5 │ julia> for i=1:nt
6 │             println("t= $(t[i]), solution: $(sol(t[i])), exact solu
  │ tion $(0.5*exp(1.01t[i]))")
7 │         end
```

なお、この微分方程式は解が $u = 0.5\exp(1.01t)$ となることがわかっていますので、そちらと併記して比較するようにしました。実行して確認してください。

　DifferentialEquations.jl は様々な微分方程式を解くことができますので、他にも気になった人は https://diffeq.sciml.ai/v2.0/tutorials/ode_example.html を見てみるとよいでしょう。英語で書かれていますが、コードをコピペして試してみるだけで使い方は結構わかるようになると思います。

2.9 数式処理（代数演算）をする：他の言語のライブラリを呼ぶ

　Julia にはたくさんのパッケージが日々開発されており、その数は年々増えていっています。しかしながら、Julia は他のプログラミング言語よりも歴史が浅いために、まだ作られていないパッケージもあると思います。そのような場合に対応するために、Julia では他のプログラミング言語のライブラリを簡単に呼び出す仕組みがデフォルトで備わっています。この機能を使えば、Julia で書き直しをせずとも、他のプログラミング言語ですでに良く整備されたライブラリを使うことができます。例えば、C 言語のライブラリを呼び出せるので、ライブラリ化された多くのアプリケーションを使うことができます。また、Python も簡単に呼び出せますので、Python で書かれた非常に多くのライブラリも Julia で簡単に使うことができます。

　ここでは、Python のライブラリを使ってみることにします。

2.9.1 | Pythonライブラリのsympyを使う

　Pythonには代数計算（数式処理）のライブラリがあります。sympyです。これを使うと、展開や因数分解など、数式の処理をすることができます。これをJuliaから使ってみましょう。実はsympyをJuliaから使うSymPy.jlはあるのですが、ここではそのままPythonのsympyを呼び出して使用することにします。

　まず、JuliaからPythonを使うパッケージとしてPyCall.jlがありますので、それを導入しましょう。DifferentialEquations.jlのときと同じように、REPLで] キーを押してパッケージモードにしてから、

```
1 │ (@v1.6) pkg> add PyCall
```

とします。これでPythonをJuliaから使う準備が整いました。

　次に、インストールしたPythonを呼び出しましょう。using を使います。

```
1 │ julia> using PyCall
```

PyCallはインストール時にシステムに入っているPythonを探して見つかればそのPythonを使います。なければ新しくPythonをインストールします。入っているPythonのバージョンと場所を確認するのは、

```
1 │ julia> PyCall.pyversion
2 │ julia> PyCall.pyprogramname
```

の二つでできます。もしすでに入っているPythonが使いたければ、add PyCall をする前に

```
1 │ ENV["PYTHON"]=入れたいPythonのPATH
```

としてください。その後、build PyCall をすればPythonが切り替わります。

　次にsympyをインストールしましょう。ここではPythonのパッケージ管理のCondaをJuliaから呼んでsympyを入れてみましょう。

```
1 │ julia> pyimport_conda("sympy","sympy")
```

とすることでsympyを入れることができます。

　Pythonパッケージを使うには、

```
1 │ sympy = pyimport("sympy")
```

とします。これは Python でいうところの import sympy をやったことと同じです。あとは、Python での sympy と同じように

```
1 │ julia> x = sympy.Symbol("x")        # PyObject x
2 │ PyObject x
3 │ julia> y = sympy.Symbol("y")
4 │ PyObject y
```

と変数 x と y を定義することができます。また、

```
1 │ julia> b = (x+1)^2
2 │ PyObject (x + 1)**2
```

のように $(x+1)^2$ を定義した後に

```
1 │ julia> sympy.expand(b)
2 │ PyObject x**2 + 2*x + 1
```

と展開したり、

```
1 │ julia> z = b.subs(x, 2)
2 │ PyObject 9
```

と代入したりできます。ここで **PyObject** というものがありますが、これは Python のオブジェクトの何かが入っていることを意味しています。この **PyObject** から Julia が扱える形に戻すには

```
1 │ julia> convert(Int64,z)
```

とします。

2.9.2 │ **SymPy.jlを使ってみる**

　同じことは SymPy.jl でもできますので、やっておきましょう。まず、先ほどの sympy と名前がかぶる可能性がありますので、REPL を一度終了してからまた立ち上げてください。その後、］キーを押してパッケージモードにしてから、

```
1 | (@v1.6) pkg> add SymPy
```

として SymPy.jl をインストールしましょう。あとは他のパッケージと同じように

```
1 | using SymPy
```

とすれば使えます。先ほどの PyCall と同じことをするのであれば、

```
1 | julia> x = symbols("x")
2 | julia> y = symbols("y")
3 | julia> b = (x+1)^2
4 | julia> expand(b)
5 | julia> b.subs(x,2)
```

とします。

　この SymPy.jl は内部で PyCall を呼んでいますから、全く同じことをすることができます。このように、PyCall を使うことで Python のライブラリをラップして Julia のパッケージとして使用することが可能です。

3日目

円周率を
計算してみよう

簡単な計算と結果の可視化

**本日
学ぶこと**

- 倍精度以上の精度での計算法
- 計算結果の可視化：Plots の使い方
- 数値積分：区分求積法、台形積分、数値積分パッケージの利用
- 乱数発生とシードの固定：モンテカルロ法による数値積分
- アニメーションの作成

　2日目は Julia の様々な機能について学んできました。3日目以降は、2日目で学んだ機能を使って数値計算をしてみましょう。3日目は円周率の計算をします。

　円周率は Julia では

```
1 | julia> pi
2 | π = 3.1415926535897...
3 | julia> π
4 | π = 3.1415926535897...
```

と簡単に出すことができます。この円周率は無限に続く小数ですが、Julia による簡単な数値計算でどこまで正確に円周率を計算できるかをやってみたいと思います。

3.1 計算を始める前に

以後のコードは全て

```
julia test.jl
```

のような形で端末で実行していることを想定しています。REPL で実行したい場合には

```
1 │ julia> include("test.jl")
```

とすれば可能です。

　また、Julia で関数単位でコードを最適化しているために、コードはいつも

```
1 │ function test()
2 │     #ここにコードを書く
3 │ end
4 │ test()
```

というような形にしています。Julia では関数の中に関数を定義することが可能であり、特に問題は生じないので、基本的にはこの形でコードを書くのがよいでしょう。

3.2 | 正多角形による方法：漸化式で計算

　まず最初に、一番素朴な方法で円周率を求めてみましょう。

　円に内接する正多角形の周の長さは円周よりは必ず小さいです。半径 r の円周の長さは $2\pi r$ ですから、半径 1 の円周の長さは 2π です。一方、円に内接する正六角形は一つの辺の長さが 1 の正三角形 6 個からできていますので、その辺の長さの合計は 6 となります。つまり、

$$\pi \sim 6/2 = 3$$

となります。これで円周率が 3 より大きいことがわかりました。正 n 角形の場合は、ピザを切るように n 個の三角形があると考えれば、その三角形の円に沿った方向の辺の長さを n 倍すれば周の長さになります。小さな三角形の鋭角を α とすれば、余弦定理より、

$$l^2 = 1^2 + 1^2 - 2\cos\alpha$$

ですから、

$$\pi \sim nl/2$$

となります。あとは正 n 角形の場合の $\alpha = 2\pi/n$ を代入すれば円周率が求まることになります。

　しかしちょっと待ってください。α の定義に π が含まれているのは、π を計算するのに π を使っているようでしっくりきません。そこで、正八角形の 8 個の三角形の鋭角が 45 度になることを利用し、

$$\cos(45°) = \sqrt{2}/2$$

と半角の公式 $\cos^2(\alpha/2) = (1+\cos(\alpha))/2$ を使って、正 N 角形の周の長さを次々に求めて円周率を計算してみましょう。

　コードはこのようになります。

```
1   function sankaku()
2       c = sqrt(2)/2   #cos 45度の値
3       hankakucos(c) = sqrt((1+c)/2) #半角の公式によるcosの計算
4       n = 10 #正8*2^n角形までを考慮する
5       N = 8
6
7       for i=1:n
8           c = hankakucos(c)  #半角の公式を使って繰り返し角度を小さくしていく
9           N = N*2
10          l = sqrt(2 - 2*c)
11          println("正$(N)角形の場合：　",N*l/2)
12
13      end
14  end
15  sankaku()
```

これを sankaku.jl という名前で保存し、実行してみてください。結果は

```
正16角形の場合：　3.121445152258053
正32角形の場合：　3.13654849005459406
正64角形の場合：　3.140331156954739
正128角形の場合：　3.141277250932757
正256角形の場合：　3.1415138011441455
正512角形の場合：　3.1415729403678827
正1024角形の場合：　3.141587725279961
正2048角形の場合：　3.141591421504635
正4096角形の場合：　3.141592345611077
正8192角形の場合：　3.1415925765450043
```

となります。正 8192 角形のときには 3.141592 まで一致しています。もっと大きな多角形ならもっと正確になるでしょうか？　n を 30 にして、正 8589934592 角形までやってみますと、$n=11$ 以降は

```
正16384角形の場合：　3.1415926334632482
正32768角形の場合：　3.141592654807589
正65536角形の場合：　3.1415926453212153
正131072角形の場合：　3.1415926073757197
正262144角形の場合：　3.1415929109396727
正524288角形の場合：　3.141594125195191
```

```
正1048576角形の場合：   3.1415965537048196
正2097152角形の場合：   3.1415965537048196
正4194304角形の場合：   3.1416742650217575
正8388608角形の場合：   3.1418296818892015
正16777216角形の場合：   3.142451272494134
正33554432角形の場合：   3.142451272494134
正67108864角形の場合：   3.1622776601683795
正134217728角形の場合：   3.1622776601683795
正268435456角形の場合：   3.4641016151377544
正536870912角形の場合：   4.0
正1073741824角形の場合：   0.0
正2147483648角形の場合：   0.0
正4294967296角形の場合：   0.0
正8589934592角形の場合：   0.0
```

となります。途中で 0 になってしまいました。何が起きているのでしょうか？　もう少し状況を見てみるために、コードの println の部分を

```
1 │     println("正$(N)角形の場合：  ",N*l/2,"\t",abs(π-N*l/2)/π)
```

に書き換えてみます。これは、円周率との相対誤差をみるものです。すると、

```
 1 │ 正16384角形の場合：    3.1415926334632482   6.406478208483288e-9
 2 │ 正32768角形の場合：    3.141592654807589    3.8763653359172195e-10
 3 │ 正65536角形の場合：    3.1415926453212153   2.6319700655609444e-9
 4 │ 正131072角形の場合：    3.1415926073757197   1.471039646217161e-8
 5 │ 正262144角形の場合：    3.1415929109396727   8.19170108940481e-8
 6 │ 正524288角形の場合：    3.141594125195191    4.684265467399403e-7
 7 │ 正1048576角形の場合：   3.1415965537048196   1.2414451701855515e-6
 8 │ 正2097152角形の場合：   3.1415965537048196   1.2414451701855515e-6
 9 │ 正4194304角形の場合：   3.1416742650217575   2.59777256198812e-5
10 │ 正8388608角形の場合：   3.1418296818892015   7.544845100703004e-5
11 │ 正166777216角形の場合：  3.142451272494134   0.00027330688571593643
```

となっており、正 65536 角形以降は誤差が増大してしまっているのがわかります。なぜでしょうか？

　この理由は sqrt(2 - 2*c) にあります。N が大きくなるにつれて、角度が小さくなるので cos の値は 1 に近づいていきます。ですので、$2-2c$ は非常に小さくなります。その小さい値に大きな N を掛けることで円周率を出しています。通常の数値計算では Float64、つまり倍精度実数を使っていますから、16 桁ほどしかありません。したがって、sqrt(2 - 2*c) と N の比が 16 桁以上大きくなってしまうと、「桁落ち」が起きてまともな結果が出ません。

　これを解決するためには、倍精度以上の精度の実数を使いましょう。Julia には高精度の実数を扱う仕組みがあります。それは、BigFloat 型です。Julia は多重ディスパッチの仕組みがありま

すので、変数をこの **BigFloat** 型に変更するだけで、結果の精度が変化します。つまり、今回のコードは c という変数を変更していきますので、この変数を

```
1 │ c = BigFloat(sqrt(2)/2)
```

と書き換えるだけで、

```
1 │ 正16777216角形の場合：　3.1415926535897746 0562641...#紙面のサイズを越える
  │ ため以下は略
```

のようにちゃんと値が出ます。正 16777216 角形の場合は 3.1415926535897 まで合っていますね。なお、**BigFloat** の桁数は **setprecision(100)** という関数で変えられますので、これを c を定義する前に追加して実行してみてください。

3.3 無限級数による方法：結果のプロットと複数の方法の比較

次は、円周率を無限級数和で表して計算してみましょう。そして、複数の級数展開の円周率への収束の仕方を可視化してみることにします。

3.3.1 バーゼル級数

まず、バーゼル問題を使ってみます。バーゼル問題とは「平方数の逆数の和がいくつになるか」という問題です。その答えは

$$\sum_{n=1}^{\infty} \frac{1}{n^2} = \frac{\pi^2}{6}$$

で、この級数をバーゼル級数といいます。円周率が出てきていますね。これで円周率を計算してみます。

まず、無限に和を取ることは計算機ではできませんので、ある値まで和を取ることにします。そこでバーゼル級数を計算する関数を、

```
1 │ function Basel(nc)
2 │     a = 0
3 │     for n=1:nc
4 │         a += 1/n^2
5 │     end
6 │     return sqrt(6a)
7 │ end
```

と定義しましょう。これは和を順番に取っており、ほとんど数式とそのままですね。

　これを実行するために、

```
1  function test()
2      ncs = [1,10,100,1000,10000]
3      for nc in ncs #ncsという配列を1つずつ取り出してncとする
4          b = Basel(nc)
5          println("バーゼル級数和(nc= $nc): ",b,"\t",abs(π-b)/π)
6      end
7  end
8  test()
```

も追記して basel.jl と保存し、実行してみましょう。その結果は、

```
1  バーゼル級数和(nc= 1): 2.449489742783178    0.22030319876632393
2  バーゼル級数和(nc= 10): 3.04936163598207    0.029358044717329577
3  バーゼル級数和(nc= 100): 3.1320765318091053   0.0030290756409921837
4  バーゼル級数和(nc= 1000): 3.1406380562059946    0.0003038577845882608
5  バーゼル級数和(nc= 10000): 3.1414971639472147    3.039529726087379e-5
```

となります。10000 項足して、3.141 までは合っていますね。

3.3.2 │ 結果のプロット

　バーゼル級数和はどんな感じで円周率に収束していくのでしょうか？　それを確認するためにはプロットしてみるのが便利です。Julia でのプロットのパッケージは Plots.jl です。REPL で] キーを押してパッケージモードにしてから、

```
1  (@v1.6) pkg> add Plots
```

としてインストールしてください。これまで使ってきたパッケージと同じです。

　今回は 2 次元プロットをしますので、x 軸の値のセットと、y 軸の値のセットが必要です。そこで、

```
1   function test()
2       ncs = [10^n for n=0:9]
3       bs = []
4       for nc in ncs
5           b = Basel(nc)
6           push!(bs,abs(π-b)/π)
7       end
8       println(bs)
9       return ncs,bs
10  end
```

```
11 │ ncs,bs = test()
```

という関数を作ります。この関数は計算した結果と円周率の相対誤差を配列 bs に格納します。ここで、

```
1 │ ncs = [10^n for n=0:9]
```

という見慣れない形が出てきたかもしれません。これは、「$n=0$ から 9 まで動かしながら、10^n の結果を計算して配列に収める」というもので、

```
1 │ ncs = []
2 │ for n=0:9
3 │     push!(ncs,10^n)
4 │ end
```

を短縮した表現したものと考えてください。これで x 軸として配列 ncs、y 軸として bs が得られました。あとはプロットを行います。

```
1 │ using Plots
2 │ plot(ncs,bs)
3 │ savefig("basel.pdf")
```

とすると、プロットした結果が basel.pdf として保存されます。なお、REPL の場合には、plot(ncs,bs) の時点で結果がグラフになります。savefig という関数はここでは PDF として図を保存していますが、拡張子を例えば png にすると PNG 形式で保存してくれます。

　プロットした結果を見てください。相対誤差が勢いよく小さくなっているために、このプロットでは何もわかりません。そこで、両対数プロットをすることにします。また、どこに計算の点があるかがわかるように、点をはっきりと描画します。そのためには、

```
1 │ plot(ncs,bs,xscale=:log10, yscale=:log10,markershape = :circle,label
  │ ="Basel", xlabel="cutoff num",ylabel="relative error")
2 │ savefig("basellog.pdf")
```

としてみてください。その結果を次ページの図 3.1 に示します。

　図はほとんど直線になっています。両対数グラフですから、これは相対誤差が nc（打ち切りの次数）のべきに依存していることがわかります。また、その傾きから、1/nc で相対誤差が減少していることがわかりますね。そして、相対誤差が 10^{-8} で止まっているのは、この計算が平方根を使っているからです。倍精度実数が 16 桁ですから、その 16 桁の精度の平方根を取ってしまうと半分の

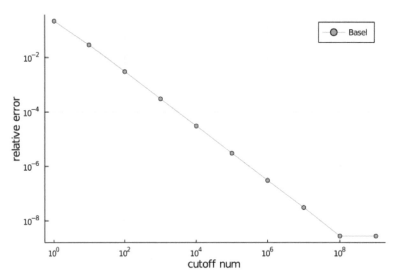

図 3.1｜バーゼル級数和の相対誤差

8桁しか精度が出ないことになります。

　コードでは、plot の関数で xscale などを指定しています。xscale=:log10 のような、等号記号で指定する引数のことをキーワード引数と呼びまして、指定しても指定しなくても大丈夫です。先 ほ ど の 例 で あ れ ば、xscale=:log10 は x 軸 を 対 数、yscale=:log10 は y 軸 を 対 数、markershape = :circle はマーカーを円にする、label="Basel" は凡例を Basel とする、xlabel="cutoff num" は x 軸の名前を cutoff num にする、ylabel="relative error" は y 軸の名前を relative error にする、です。plot で使えるキーワードのうちよく使いそうなものを次ページの表3.1 にまとめました。他にどのようなものがあるかは、

```
1 │ plotattr(:Axis)
```

や

```
1 │ plotattr(:Plot)
```

とすることで、キーワードの名前が以下のように出てきます。

```
1 │ julia> plotattr(:Axis)
2 │ Defined Axis attributes are:
```

```
      discrete_values, draw_arrow, flip, foreground_color_axis,
      foreground_color_border, foreground_color_grid, foreground_color_
      guide, foreground_color_minor_grid, foreground_color_text,
   3  formatter, grid, gridalpha, gridlinewidth, gridstyle, guide, guide_
      position, guidefontcolor, guidefontfamily, guidefonthalign,
      guidefontrotation, guidefontsize, guidefontvalign, lims, link,
      minorgrid, minorgridalpha, minorgridlinewidth, minorgridstyle,
      minorticks, mirror, rotation, scale, showaxis, tick_direction,
      tickfontcolor, tickfontfamily, tickfonthalign, tickfontrotation,
      tickfontsize, tickfontvalign, ticks, widen
```

そのうちで調べたいものを選んで

```
   1 │ plotattr("ticks")
```

とすることで、説明を見ることができます。

表 3.1 │ plot で使えるキーワード

キーワード名	概要
label	凡例
markershape あるいは shape	マーカーの形状。:none, :auto, :circle, :rect, :star5, :diamond, :hexagon, :cross, :xcross, :utriangle, :dtriangle, :rtriangle, :ltriangle, :pentagon, :heptagon, :octagon, :star4, :star6, :star7, :star8, :vline, :hline, :+, :x、などがある
xscale, yscale	log10 とすると対数プロット、identity は通常
xlabel, ylabel	軸の名前
xlims, ylims	プロット範囲。xlims = (0,1) とすると 0 から 1 まで
xticks, yticks	目盛のラベル。xticks=([1,10],["one","ten"]) とすると、1 と 10 の目盛をそれぞれ one と ten とする
grid	グリッド線。grid=true は x, y 両方、grid=:x は x 軸目盛のみ、grid=:y は y 軸目盛のみ
xgridalpha, ygridalpha	グリッド線の透過率。0 から 1 までの値
aspect_ratio	グラフの x 軸と y 軸のアスペクト比。:equal とすると同じになる
seriestype	グラフの種類。:scatter とすると散布図になる
markercolor	マーカーの色の指定。:blue, :red, :yellow などを指定できる

3.3.3 │ マーダヴァ-ライプニッツ級数

別の級数展開による円周率も計算してみましょう。

マーダヴァ - ライプニッツ級数は、

$$\frac{\pi}{4} = 1 - \frac{1}{3} + \frac{1}{5} - \frac{1}{7} + \cdots \sum_{n=0}^{\infty} \frac{(-1)^n}{2n+1}$$

で定義される階級です。これを計算する関数を

```
1   function Leibniz(nc)
2       a = 0
3       for n=0:nc
4           a += (-1)^n/(2n+1)
5       end
6       return 4a
7   end
```

とします。数式そのままですね。これをプロットしてみます。まず、先ほどのバーゼル級数の計算のコードを用意します。次に、`bs = []` の下に `ls = []` を、`b = Basel(nc)` の下に `l = Leibniz(nc)` と追記しましょう。そして、`push!(bs,abs(π-b)/π)` の下に `push!(ls,abs(π-l)/π)` を追記します。そして、返り値として、`return ncs,bs` を `return ncs,bs,ls` に書き換えましょう。これで、

```
1   ncs,bs,ls = test()
```

のようにすればマーダヴァ - ライプニッツ級数の結果が返ってくるようになります。実行してみてください。

3.3.4 │ 二つの級数和の結果の比較：複数のグラフのプロット

　二つの異なる級数和で円周率を計算してみました。この二つのどちらがより優秀でしょうか？それを見るために、両方を同時にプロットしてみます。複数のグラフのプロットの方法には2種類あります。
　一つ目は、

```
1   plot(ncs,[bs,ls])
```

のように [と] で囲む方法です。ただし、今回の比較の場合は両対数プロットが良いですから、

```
    plot(ncs,[bs,ls],xscale=:log10, yscale=:log10,markershape =
1   [:circle :star5],label=["Basel" "Leibniz"], xlabel="cutoff num",
    ylabel="relative error")
```

としました。ここで、`markershape = [:circle :star5]` は二つのグラフのマーカーを指定しています。`label=["Basel" "Leibniz"]` は凡例です。理由はよくわかりませんが、あるバージョン以降の Plots.jl では `label=["Basel","Leibniz"]` ではなく `label=["Basel" "Leibniz"]` とするようになったので、注意してください。複数のグラフにプロットした結果を図3.2に示します。

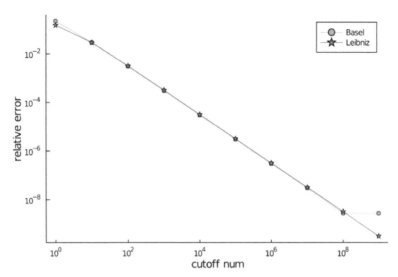

図 3.2 | バーゼル級数和とマーダヴァ - ライプニッツ級数和の相対誤差の比較

　マーダヴァ - ライプニッツ級数は平方根を計算していませんので、バーゼル級数和と違って 8 桁精度という限界がないのがわかると思います。

　二つ目の方法は

```
1  plot(ncs,bs,xscale=:log10, yscale=:log10,markershape = :circle,
   label="Basel", xlabel="cutoff num",ylabel="relative error")
2  plot!(ncs,ls,xscale=:log10, yscale=:log10,markershape = :star5,
   label="Leibniz", xlabel="cutoff num",ylabel="relative error")
3  savefig("comparison.png")
```

のように、二つ目のグラフを plot! としてプロットすることです。plot の代わりに plot! を使うと、グラフを同一の図に重ねていけるようになります。何個もグラフを描く場合には、こちらの方が便利かと思います。

3.3.5 | ラマヌジャンの円周率公式

　級数和による円周率の最後の例として、ラマヌジャンによって得られた円周率公式

$$\frac{1}{\pi} = \frac{2\sqrt{2}}{99^2} \sum_{n=0}^{\infty} \frac{(4n)!(1103 + 26390n)}{(4^n 99^n n!)^4}$$

を使ってみます。コードは

```
1  function Ramanujan(nc)
2      a = 0
```

```
3        for n=0:nc
4            a += factorial(4n)*(1103+26390n) / (4^n*99^n*factorial(n))^4
5        end
6        return 99^2/(2 * sqrt(2) *a)
7    end
```

となります。数式そのままですね。この公式は物凄い速度で円周率に近づいていきます。どのくらい速いかというと、

```
1    r = Ramanujan(1)
2    println(r,"\t",abs(π-r)/π)
```

として、nc=1 としたとしても、

```
1    3.141592653589794        2.8271597168564594e-16
```

のように、倍精度の限界まで一致しています。これ以上の精度は倍精度実数では出せませんので、関数を

```
1    function Ramanujan(nc)
2        a = 0
3        for n=0:nc
4            n = big(n)
5            a += factorial(4n)*(1103+26390n) / (4^n*99^n*factorial(n))^4
6        end
7        return 99^2/(2 * sqrt(big(2)) *a)
8    end
```

のように書き換えました。ここで、big(n) というのは、入れた引数を BigInt や BigFloat に変換してくれる関数です。ここでは、整数 n と、平方根の 2 を変換しました。Julia は多重ディスパッチがありますので、n と平方根が組み合わされた計算は全て任意精度計算に変わります。これで、

```
1    r = Ramanujan(4)
2    println(r,"\t",abs(π-r)/π)
```

は

```
1    3.1415926535897932384626433832795028841976638181330306239761655909 9
     8553105507424
```

```
2 │       1.5737837856217519543098241781733953416191245753332329100044
 0862136521893758938 1e-40
```

となり、40桁の精度で円周率が計算できることがわかります。すごい公式ですね。なお、setprecision(1000) のように精度を大きく取れば、より大きい nc でより正確な円周率を計算することができます。

3.4 │ 数値積分による方法：区分求積法ほか

3.4.1 │ 区分求積法

次に、区分求積によって円周率を求めてみましょう。

積分した結果が円周率となる積分を考え、その積分を数値的に求めることにします。今回は、

$$\int_0^1 \frac{dx}{1+x^2} = \frac{\pi}{4}$$

を使ってみます。区分求積法とは、積分する範囲をいくつかの区間に分け、その区間の中では一定値であるとして積分する方法です。積分範囲を N 分割するとすれば、積分範囲は長さ $1/N$ の区間に分割されます。つまり、$x_1=0, x_2=1/N, \cdots, x_N=(N-1)/N$ という点における和：

$$\int_0^1 \frac{dx}{1+x^2} \sim \sum_{n=0}^{N} \frac{1}{N} \frac{1}{1+x_n^2}$$

を計算すれば近似できることになります。区分求積法を Julia のコードにしますと

```
1 │ function Kubun(N,x0,x1,f)
2 │     dx = (x1-x0)/N
3 │     a = 0.0
4 │     xn = range(x0, step=dx, length=N)
5 │     for x in xn
6 │         a += f(x)
7 │     end
8 │     return a*dx
9 │ end
```

となります。ここで、より一般的な積分が可能なように、引数 x0 と x1 には積分の下端と上端を入れるようにし、関数も f として引数で入れられるようにしました。Julia では関数も引数にできますので、このように任意の関数をインプットにすることが可能です。このコードは

```
1 │ f(x) = 4/(1+x^2)
2 │ N = 10000
```

```
3  p = Kubun(N,0,1,f)
4  println(p)
```

のように使うことができます。この関数 Kubun が分割数 N を増やしたときにどのように円周率に近づくかを、前節で描いたようなグラフを作成して確かめてみてください。なお、N = 1000000 のときには **3.141593653589793** となり、3.14159 まで合っていますね。

3.4.2 │ 台形積分公式

区分求積法は積分を長方形の和で表していますから、精度があまりよくありません。もう少し精度をあげたければ台形公式を使います。先ほどと同じように積分範囲を N 分割し、x_i での関数の値 $f(x_i)$ と x_i+1 での関数の値 $f(x_{i+1})$ を直線で結び、台形を作ります。つまり、x_i から x_{i+1} の積分値を

$$\int_{x_i}^{x_{i+1}} f(x)\,dx \sim \frac{f(x_i) + f(x_{i+1})}{2N}$$

とします。これを全ての領域で行えばよいので、

$$\int_0^1 \frac{dx}{1+x^2} \sim \frac{1}{2N}(f(x_1) + f(x_2) + f(x_2) + f(x_3) + \cdots + f(x_{N-1}) + f(x_N))$$

$$= \frac{1}{2N}\left(f(x_1) + 2\sum_{n=2}^{N-1} f(x_n) + f(x_N)\right)$$

を計算すればよいことになります。コードは先ほどの区分求積法の関数を少し変えて

```
1  function Daikei(N,x0,x1,f)
2      dx = (x1-x0)/N
3      a =(f(x0)+f(x1))/2
4      xn = range(x0, step=dx, length=N)
5      for n=2:N
6          x = xn[n]
7          a += f(x)
8      end
9      return a*dx
10 end
```

とします。これを N = 1000000 で実行してみると、**3.1415926535897927** となり 3.14159265358979 まで合っていますので、区分求積法よりも精度が良いですね。級数和の比較のときのように、区分求積法と台形公式の円周率の収束への具合をプロットしてみてください。

3.4.3 | パッケージを使う

Julia には様々なパッケージがあります。もちろん、数値積分をするパッケージもあります。ここでは、1次元数値積分 QuadGK.jl を使うことにします。

インストールはこれまでと同様に REPL で] キーを押してパッケージモードにしてから、

```
1 | (@v1.6) pkg> add QuadGK
```

でできます。1次元定積分を実行する関数は quadgk でして、関数と積分範囲を指定して

```
1 | f(x) = 4/(1+x^2)
2 | result = quadgk(f,0,1)
3 | println(result[1],"\t error: ",result[2])
```

とすれば OK です。result の一つ目には積分値、二つ目には積分の誤差が入ります。結果は、

```
1 | 3.1415926535897936        error: 2.6639561667707312e-9
```

です。3.141592653589793 まで合っていますね。

このように、Julia の豊富なパッケージを使うことで様々なことが簡単にできます。

3.5 | モンテカルロ法：乱数を使う

3.5.1 | モンテカルロ法

次は、乱数を使って円周率を計算してみましょう。次ページの図 3.3 のように、適当にランダムに点を打ち、1/4 円の中に入る点の数 n と打った数 N の比

$$\frac{n}{N} \sim \frac{\pi}{4}$$

は円の面積の 1/4 となります。このような、乱数を用いて数値積分することをモンテカルロ法と呼びます。これを Julia でやってみましょう。

コードはとてもシンプルに

```
1 | function MC(N)
2 |     count = 0
3 |     for n=1:N
4 |         x = rand() #0から1までの乱数を生成する
5 |         y = rand() #0から1までの乱数を生成する
6 |         r = x^2+y^2 #原点からの距離の二乗
```

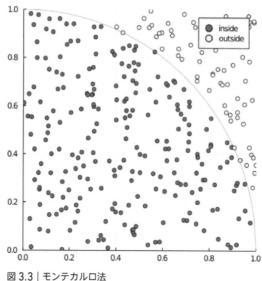

図 3.3 | モンテカルロ法

```
7            count += ifelse(r > 1,0,1)  #距離が1より小さいときにカウントする
8        end
9        return 4*count/N
10   end
```

と書けます。乱数を生成して、それが円に入っているかカウントするだけですね。この関数を呼び
出してみるとわかりますが、

```
1   N = 10000
2   println(MC(N))
3   println(MC(N))
4   println(MC(N))
```

は

```
3.12
3.1616
3.1336
```

と実行するたびに値が変わります。これは、生成されている乱数列が毎回変わっているからです。
しかし、デバッグをする際などに、いつも同じ乱数列が必要な場合もあると思います。例えば、コー
ドのある場所を変更した影響を調べたいときに、他は変えたくない場合には出力される乱数はいつ
も同じ方が好ましいです。

3.5.2 | 乱数シードの固定

いつも同じ乱数列が必要な場合には、乱数シードというものを固定します。つまり、

```
 1  using Random
 2  function MC(N;seed = 10)
 3      Random.seed!(seed)
 4      count = 0
 5      for n=1:N
 6          x = rand() #0から1までの乱数を生成する
 7          y = rand() #0から1までの乱数を生成する
 8          r = x^2+y^2 #原点からの距離の二乗
 9          count += ifelse(r > 1,0,1) #距離が1より小さいときにカウントする
10      end
11      return 4*count/N
12  end
```

という関数を定義します。違いは、引数が MC(N) から MC(N;seed = 10) になったことと、Random.seed!(seed) が追加されたことです。また、関数を呼び出す前に using Random と Random パッケージを使用することにしています。

2日目で解説したように、関数の引数で ; を使うとその先の引数はキーワード引数になります。つまり、呼び出すときに seed を指定しない場合にはデフォルト値の 10 が使われるわけです。この関数を複数回呼び出すと、

```
 1  N = 10000
 2  println(MC(N))
 3  println(MC(N))
 4  println(MC(N))
```

は

```
3.1368
3.1368
3.1368
```

となります。乱数シードを固定すると、どの計算機のどのタイミングでも同じ乱数列が生成されることになります。つまり、ここに書かれている 3.1368 はどなたでも得られるわけです。

級数和で計算したときのようにプロットするのであれば、

```
 1  using Plots
 2  function test()
 3      ncs = [10^n for n=0:9]
 4      ms = []
 5      for nc in ncs
```

```
 6          m = MC(nc)
 7          push!(ms,abs(π-m)/π)
 8      end
 9      println(ms)
10      plot(ncs,ms,xscale=:log10, yscale=:log10,markershape = :circle,
    label="Monte Carlo", xlabel="num",ylabel="relative error")
11      savefig("mc.png")
12      return
13  end
14  test()
```

とするとよいでしょう。グラフをプロットすれば、モンテカルロ法の誤差は $1/\sqrt{n}$ で減少することがすぐわかります。

3.5.3 | 図のプロット

この節で最初に載せた図3.3（108 ページ）も Julia で描いたものです。そのコードは

```
 1  function Ransu(N)
 2      xn = 0:0.01:1 #0から0.01刻みで1までの点
 3      yn = sqrt.(1 .- xn.^2) #xnから1/4円の座標を求める
 4      #1/4円を描画
 5      plot(xn,yn,label = nothing,aspect_ratio=:equal,xlims = (0,1),
    ylims=(0,1))
 6      xin = [] #円の内側に入るx座標を入れる配列
 7      xout = [] #円の外側に入るx座標を入れる配列
 8      yin = [] #円の内側に入るy座標を入れる配列
 9      yout = [] #円の外側に入るy座標を入れる配列
10      for n=1:N
11          x = rand() #0から1までの乱数
12          y = rand() #0から1までの乱数
13          r = x^2+y^2 #原点からの距離の2乗
14          if r > 1 #円の外側の場合
15              push!(xout,x) #円の外側に入るx座標をxoutに入れる
16              push!(yout,y) #円の外側に入るy座標をyoutに入れる
17          else #円の内側の場合
18              push!(xin,x) #円の内側に入るx座標をxinに入れる
19              push!(yin,y) #円の内側に入るy座標をyinに入れる
20          end
21      end
22      plot!(xin,yin,label="inside",seriestype = :scatter,markercolor=:
    blue) #円の内側の点を描画
23      plot!(xout,yout,label="outside",seriestype = :scatter,
    markercolor=:yellow) #円の外側の点を描画
24      savefig("random.png") #ファイルをpngで保存
25      return length(xin)/N
26  end
```

となります。これまで登場してきたものだけでできていますので、何をやっているのか見ておくとよいでしょう。

3.6 球衝突の方法：シミュレーションの可視化

3.6.1 円周率の計算

3日目の最後に、面白い方法で円周率を計算する方法を紹介します。G. Galperin, "Playing pool with π（the number π from a billiard point of view）", *Regular and Chaotic Dynamics*, 2003, 8（4）, 375–394 という論文によれば、二つの球を衝突させた回数を数えると円周率が計算できるとのことです（参考 URL：https://qiita.com/POPPIN_FRIENDS/items/7228644dcd20d59203a1）。

質量の比が $1:100^N$ の二つの球を用意して、軽い球が静止した状態で重い球を速さ1で軽い球にぶつけます。衝突した軽い球はその先にある壁に衝突して反発係数1で跳ね返ります。その後、また重い球に衝突します。これを繰り返すと徐々に重い球が減速し、やがて反転します。最後には軽い球が重い球に追いつかなくなり、衝突しなくなります。軽い球が重い球そして壁に衝突した回数を数えると、円周率の N 桁分の数字になるそうです。

衝突前の軽い球、重い球の速度を v, V とします。衝突後の軽い球、重い球の速度を v', V とします。軽い球と重い球の質量比を r とします。運動量保存則は

$$v + rV = v' + rV$$

となります。反発係数は

$$e = -\frac{v' - V}{v - V}$$

ですが、反発係数1とすると、衝突後の速度はそれぞれ

$$v' = \frac{(1-r)v + 2rV}{1+r}, \quad V = \frac{2v + (r-1)V}{1+r}$$

となります。

それでは、実際に実装してみましょう。今回は struct を使って実装してみます。

まず、球を表す struct を作ります。

```
1    mutable struct Ball
2        v::Float64
3        mass::Float64
4    end
```

円周率を計算するだけであれば、球の位置を知る必要はありませんので、Ball 型は速度 v と質量 mass を持つことにします。

次に、Ball の衝突についてです。Ball 型二つを引数にして、

```
1    function check_collision!(small::Ball,large::Ball)
2        r = large.mass/small.mass
3        v = small.v
4        V = large.v
5
6        if v > V #小さい球の方が速ければ必ず衝突する
7            V_next = (2v+(r-1)V)/(r+1)
8            v_next = ((1-r)v+2r*V)/(r+1)
9            collision = true
10
11            small.v = v_next
12            large.v = V_next
13            return collision
14        elseif v < 0 #小さい球の速度が負なら必ず壁にぶつかる
15            collision = true
16            small.v = -v
17            return collision
18        else
19            collision = false
20            return collision
21        end
22    end
```

という関数を作ります。この関数の返り値は collision で、軽い球が重い球あるいは壁に衝突した場合 true を返します。また、衝突した場合には Ball 型の速度を更新します。

あとは、衝突がなくなるまで繰り返すだけです。壁を原点におき、重い球は速度が負であるとします。このとき、コードは

```
1    function ballcollision(N)
2        v0 = 0.0
3        V0 = -1.0
4        m = 1
5        M = m*100^N
6        smallball = Ball(v0,m)
7        largeball = Ball(V0,M)
8        collision = true
9        count = 0
10       while collision #collisionがtrueである限り繰り返し続ける
11           collision = check_collision!(smallball,largeball)
12           if collision
13               count += 1 #collisionがtrueならカウントする
14           end
15       end
16       return count/10^N
```

```
17 |     end
```

となります。そして、

```
1 | N = 5
2 | p = ballcollision(N)
3 | println(p)
```

を実行してみると、

```
1 | 3.14159
```

という値が出ます。確かに5桁合っています。

3.6.2 | 衝突のアニメーション

　次に、球の衝突の様子をアニメーションにしてみましょう。アニメーションを作るためには、衝突したときの速度や位置を保存しておかなければなりません。上のコードを拡張すれば可能ですが、それだと少し読みにくいコードになってしまいますので、struct をより積極的に使って整理してみましょう。

　まず、Ball 型のフィールドを増やします。今度は位置も必要ですので、

```
1 |   mutable struct Ball
2 |       v::Float64
3 |       x::Float64
4 |       v_history::Array{Float64,1}
5 |       x_history::Array{Float64,1}
6 |       mass::Float64
7 |       radius::Float64
8 |   end
```

としましょう。x は衝突した点の座標とします。radius は球の半径です。ここで、v_history や x_history はこれまでの衝突時の速度と衝突した点の履歴とします。したがって、最初は常に空です。次に、この Ball 型の初期化用関数を追加して、

```
1 |   mutable struct Ball
2 |       v::Float64
3 |       x::Float64
4 |       v_history::Array{Float64,1}
5 |       x_history::Array{Float64,1}
6 |       mass::Float64
```

```
 7        radius::Float64
 8
 9        function Ball(v,x,m,radius)
10            v_history = Float64[]
11            x_history = Float64[]
12            push!(x_history,x)
13            push!(v_history,v)
14            return new(v,x,v_history,x_history,m,radius)
15        end
16    end
```

とします。struct の中に定義した関数 Ball(v,x,m,radius) は Ball 型の変数を初期化する
関数です。初期化用関数は struct の中で定義することができます。そして、return
new(v,x,v_history,x_history,m,radius) は新しい Ball 型を返すことを意味しています。
この方法を使うと、呼び出す側は4変数 (v,x,m,radius) で Ball 型を定義できます。v_
history や x_history はいつも初期速度と初期位置が入ることから、呼び出す側がいちいち考
慮するのは面倒なので、この形にしました。
　次に、衝突の計算をした後に、新しい衝突点とその後の速度を記録する関数を作っておきます。
つまり、

```
1    function update!(ball::Ball,x,v)
2        ball.x = x
3        ball.v = v
4        push!(ball.x_history,x)
5        push!(ball.v_history,v)
6        return
7    end
```

という関数を作ります。これは、x と v を与えたら、球の x と v を更新するだけでなく、履歴も
追加してくれます。次に、Ball 型から x と v の情報を取り出す関数も

```
1    function get_xv(ball::Ball)
2        return ball.x,ball.v
3    end
```

と作っておきます。これらを使うと、

```
1    function check_collision!(small::Ball,large::Ball)
2        r = large.mass/small.mass
3        x,v = get_xv(small)
4        X,V = get_xv(large)
5
```

```
 6          if v > V
 7              V_next = (2v+(r-1)V)/(r+1)
 8              v_next = ((1-r)v+2r*V)/(r+1)
 9              collision = true
10              update!(small,x,v_next)
11              update!(large,X,V_next)
12              return collision
13          elseif v < 0
14              collision = true
15              update!(small,x,-v)
16              update!(large,X,V)
17              return collision
18          else
19              collision = false
20              return collision
21          end
22      end
```

となり、少しスッキリしました。ここでは x と X をアップデートしているように書かれていますが、まだ x を変更するコードは書いていません。x を変更するには、衝突するまでの時間が必要です。

　そこで、次は、軽い球の位置と速度、重い球の位置と速度が与えられたときに衝突するまでの時間を計算する関数を作ります。等速直線運動ですので、衝突の座標さえわかれば簡単に時間はわかります。衝突はそれぞれの球が触れた場所ですので、

```
1    function ball_collision_time(small::Ball,large::Ball)
2        t = (small.x+small.radius -(large.x - large.radius))/(large.
     v-small.v)
3    end
```

で計算できます。軽い球と壁との衝突も同様に、

```
1    function wall_collision_time(small::Ball)
2        t= -(small.x-small.radius)/small.v
3    end
```

という関数を作っておきます。この二つの関数を使って、軽い球が重い球に衝突したか壁に衝突したかを調べる関数を

```
1    function collision_time(small::Ball,large::Ball)
2        t_ball = ball_collision_time(small,large)
3        t_wall = wall_collision_time(small)
4        t = ifelse(t_ball > t_wall && t_wall > 0,t_wall,t_ball)
```

```
5        return t
6    end
```

と作ります。これは、計算した時間が短い（ただし正の）ほうに衝突することを考慮して、次の衝突までの時間を返す関数です。これらの関数を使って check_collision! を書き換えてみます。

```
1    function check_collision!(small::Ball,large::Ball,timeseries)
2        r = large.mass/small.mass
3        x,v = get_xv(small)
4        X,V = get_xv(large)
5        told = timeseries[end] #直前の衝突時刻
6        if v > V
7            t = collision_time(small,large) #衝突時間の計算
8            x += t*v #軽い球の次の衝突地点
9            X += t*V #重い球の次の衝突地点
10           V_next = (2v+(r-1)V)/(r+1)
11           v_next = ((1-r)v+2r*V)/(r+1)
12           collision = true
13           update!(small,x,v_next)
14           update!(large,X,V_next)
15           push!(timeseries,told+t) #衝突した時刻を記録
16           return collision
17       elseif v < 0
18           t = wall_collision_time(small) #衝突時間の計算
19           x += t*v #軽い球の次の衝突地点
20           X += t*V #重い球の次の衝突地点
21           collision = true
22           update!(small,x,-v)
23           update!(large,X,V)
24           push!(timeseries,told+t) #衝突した時刻を記録
25           return collision
26       else
27           collision = false
28           return collision
29       end
30   end
```

この関数の引数が一つ増えていますが、これは衝突の時刻を記録するためです。衝突の時刻と衝突後の位置と速度を記録しておけば、衝突の合間の任意の時刻での球の位置がわかります。ですので、

```
1    function ballcollision(N)
2        v0 = 0.0
3        V0 = -1.0
4        m = 1
5        M = m*100^N
6        radius_small = 0.1 #軽い球の半径
```

```
7        radius_large = 0.1*100^(N/3)  #重い球の半径。サイズは適当に決めた
8        X0 = 2 + radius_large
9        x0 = 1
10       smallball = Ball(v0,x0,m,radius_small)
11       largeball = Ball(V0,X0,M,radius_large)
12       timeseries = Float64[]  #衝突時刻を記録する配列
13       push!(timeseries,0)  #最初の時刻0を配列に代入
14       collision = true
15       count = 0
16       while collision
17           collision = check_collision!(smallball,largeball,
    timeseries)
18           if collision
19               count += 1
20           end
21       end
22       make_anime(smallball,largeball,timeseries,N)  #得られた情報を元
    にアニメーションを作る
23       return count/10^N
24   end
```

とします。最後に、アニメーションを作ります。これは上のコードでは make_anime という関数
で作れます。コードは

```
1        function make_anime(small::Ball,large::Ball,timeseries,N)
2            anim = Animation()
3            ts = range(0.00001,timeseries[end]+0.1,length=200)  #描画する
    ための時間刻み。全ての衝突が終了してから0.1まで。点の数は200個
4            θ = range(0,2π,length=100)  #球を描画するための角度の刻み
5            xcirc = small.radius*cos.(θ)  #軽い球の中心からの相対x座標
6            ycirc = small.radius*sin.(θ)  #軽い球の中心からの相対y座標
7            Xcirc = large.radius*cos.(θ)  #重い球の中心からの相対x座標
8            Ycirc = large.radius*sin.(θ)  #重い球の中心からの相対y座標
9            for t in ts
10               ith = searchsortedfirst(timeseries,t)-1
11               t0 = timeseries[ith]
12               x,v = get_xv(small,ith)
13               X,V = get_xv(large,ith)
14               dt = t-t0
15               x += v*dt
16               X += V*dt
17               count = ith-1
18               plt = plot(x .+ xcirc,ycirc,label="count = $count pi =
    $(count/10^N)",
19                   xlims=(0,10),ylims=(-2,2),aspect_ratio=1)
20               #x .+ xcircは軽い球の表面のx座標
21               plt = plot!(X .+ Xcirc,Ycirc,label=nothing,xlims=(0,10),
22                   ylims=(-2,2),aspect_ratio=1)
```

```
23              frame(anim,plt)
24          end
25          gif(anim, "test_$(N).gif", fps = 15)
26      end
27      function get_xv(ball::Ball, ith)
28          return ball.x_history[ith], ball.v_history[ith]
29      end
```

です。ここで、searchsortedfirst(timeseries,t) という関数を使いましたが、この関数は配列 timeseries を最初から見ていって一番最初に t より大きいか等しい値が入っているインデックスを返す関数です。ここでは、1 を引くことでその時間より前に衝突した時刻を計算しています。

アニメーションを作るには Animation や frame、gif を使います。これを使う前には using Plots をしておいてください。各 t において、plt ＝でプロットしています。plt にはプロット情報が入っています。その plt を frame 関数を用いて、anim に追加しています。anim は Animation 型の変数です。このようにして、今設定している時間全てのプロットの情報が anim に入れば、あとはそれを GIF アニメにすればよいので、gif という関数を呼んでいます。

あとは好きな N で ballcollision(N) を実行してみてください。

4日目

具体例1：
量子力学

微分方程式と線形代数

**本日
学ぶこと**

- 微分方程式の差分化と固有値計算
- フーリエ変換
- 特殊関数
- 行列の指数関数と行列ベクトル積
- 疎行列

　4日目の今日は、具体的な物理の問題を解いてみましょう。ここでは量子力学を扱うことにします。量子力学と言えばシュレーディンガー方程式です。物理系の学科に進学するとシュレーディンガー方程式を頑張って手で解いたりしたと思います。ここでは手の代わりにJuliaに解いてもらいましょう。量子力学について何かを知っている必要はありません。

　量子力学とは、非常に小さい粒子（例えば電子）がどのように振る舞うかを調べる学問です。その基本となる方程式はシュレーディンガー方程式と呼ばれる微分方程式です。この方程式を解くと粒子の波動関数 $\psi(x)$ というものが得られます。この波動関数の絶対値の2乗 $|\psi(x)|^2$ が粒子の存在確率を意味します。つまり、電子のシュレーディンガー方程式を解いた場合、ある場所 x に電子がいる確率 $|\psi(x)|^2$ が得られます。電子は球のようなものではなく、もやもやとした雲のようなものだと考えてください。例えば、電子は「粒子のようであり波のようである」と言われています。ここでは量子力学の詳細には触れずに、そのような微分方程式があり、それをどう解くか、ということに着目したいと思います。

4.1 時間依存のない1次元シュレーディンガー方程式：固有値問題を解く

1次元のシュレーディンガー方程式は

$$\left(-\frac{\hbar^2}{2m}\frac{d^2}{dx^2} + V(x) \right)\psi(x) = \epsilon\psi(x)$$

です。ここで、$\hbar$ はプランク定数、m は電子の質量です。$V(x)$ はポテンシャルと呼ばれているもので x の関数です。微分演算子がありますので、この方程式は微分方程式です。この微分方程式を満たすような $\psi(x)$ と固有値 ϵ を求めるという問題ですね。

この方程式には $\hbar$ や m という定数が入っていますが、これだと毎回これらの記号を書かないといけませんので面倒です。ということで、方程式を無次元化しましょう。波動関数の絶対値が確率ですから、波動関数自体には単位はありません。ですので、右辺の単位は ϵ の単位、すなわち、エネルギーの単位を持ちます。一方、x は空間の位置ですから、長さの単位を持ちます。つまり、適当なエネルギーの単位 E_0 と適当な長さの単位 l を用意して

$$\epsilon = E_0\epsilon'$$
$$x = lx'$$

とすれば、ϵ' と x' は無次元量になります。微分演算子は $d/dx = (1/l)d/dx'$ と変換されます。ですので、両辺を E_0 で割ると、微分方程式は

$$\left(-\frac{d^2}{dx'^2} + V'(x') \right)\psi(x') = \epsilon'\psi(x')$$

となります。ここで、

$$l = \sqrt{\frac{\hbar^2}{2mE_0}}$$

としました。以後は x'、$V' \equiv V/E_0$、ϵ' を x、V、ϵ と置き直しましょう。これで以後は量子力学を全くわからなくても、今解きたい問題は、ここで書かれた微分方程式を解く問題だということがわかります。

4.1.1 | 標準的なやり方：手で解いた場合

$V(x) = 0$ という簡単な場合はこの微分方程式は手で解くことができます。これは微分方程式の基本的な問題ですので、ここで紹介します。$V(x) = 0$ のときのシュレーディンガー方程式は

$$-\frac{d^2}{dx^2}\psi(x) = \epsilon\psi(x)$$

ですが、この方程式の解として

$$\psi(x) = e^{ikx}$$

を仮定すると、

$$k^2 e^{ikx} = \epsilon e^{ikx}$$

となりますので、

$$k^2 = \epsilon$$

とすれば微分方程式を満たすことができます。つまり、適当に決めた k と固有値 ϵ の間には

$$k = \pm\sqrt{\epsilon}$$

という関係があります。これは、一つの固有値に対して二つ k があることを意味しており、つまり解が2種類

$$\exp[i\sqrt{\epsilon}\,x], \exp[-i\sqrt{\epsilon}\,x]$$

あることを意味しています。この二つは解ですが、この二つを足したものも解です。したがって、一般的には

$$\psi(x) = C_1\exp[i\sqrt{\epsilon}\,x] + C_2\exp[-i\sqrt{\epsilon}\,x]$$

と係数 C_1 と C_2 を導入すれば解を表現できます。

　あとは、この微分方程式に条件を設定して係数を決めるだけです。まず、波動関数の絶対値の2乗は粒子の存在確率を表しますので、

$$\int dx\,|\psi(x)|^2 = 1$$

というように、全領域で積分すれば必ずどこかにいるわけですから、値は1になります。これを規格化条件と呼びます。

　次に、$x=0$ と $x=L$ に壁があり電子が閉じ込められている場合を考えてみます（両端が壁の境界条件）。このとき、$x=0$ は壁なので電子は存在しませんから、

$$\psi(x=0) = C_1 + C_2 = 0$$

となりまして、$C_1 = -C_2$ という条件が必要です。また、$x=L$ も壁なので電子は存在しませんから、

$$\psi(x=L) = C_1(\exp[i\sqrt{\epsilon}\,L] - \exp[-i\sqrt{\epsilon}\,L])$$
$$= 2iC_1\sin[i\sqrt{\epsilon}\,L] = 0$$

という条件が必要です。したがって、n を1以上の整数として、

$$\sqrt{\epsilon}\,L = n\pi$$

という条件が満たされる ϵ のときのみ、境界条件を満たすことができます。

　結局、規格化条件と境界条件を満たす波動関数は

$$\psi(x) = \sqrt{\frac{2}{L}} \sin\left(\frac{n\pi}{L}x\right)$$

となり、固有値は

$$\epsilon_n = n^2 \frac{\pi^2}{L^2}$$

です。無事に解けました。

4.1.2 | 計算機で解くために

さて、ポテンシャルがない場合（$V(x) = 0$）は手で答えを得ることができました。しかし、$V(x)$ がある場合には、このように簡単に解けるとは限りません。そこで、Julia に解いてもらいましょう。

計算機で問題を解く場合には、問題を計算機が扱える形にしなければなりません。例えば、1次元シュレーディンガー方程式は微分方程式ですが、x も $\psi(x)$ も連続的に変化します。しかし、計算機の中では連続的に変化するものは扱えません。つまり、x や $\psi(x)$ をそのまま計算機に情報として格納することはできません。無限個のデータは扱えないからです。そのため、これらの変数を飛び飛びの値にするか、何か別の変数変換を行うかをしなければなりません。

そこで、この節では、

●x を離散的な数値 $(x_1, x_2, \cdots, x_N)$ にし、その上での波動関数 $\psi(x_1), \psi(x_2), \cdots, \psi(x_N)$ を計算する

●フーリエ変換を行って波数を導入し、得られた $\psi(k)$ を逆フーリエ変換して $\psi(x)$ を計算する

という2種類の方法で計算を行ってみます。

4.1.3 | 差分化で解く

ここでは差分化を使って解いてみます。

差分化とは、微分方程式の微分の部分を関数の差で表す方法です。やり方は、ある関数 $\psi(x \pm \Delta x)$ を x 周りでテイラー展開した式：

$$\psi(x \pm \Delta x) = \psi(x) \pm \frac{d\psi(x)}{dx}\Delta x + \frac{1}{2}\frac{d^2\psi(x)}{dx^2}(\Delta x)^2 + \cdots$$

を用います。このテイラー展開を使えば、

$$\psi(x + \Delta x) + \psi(x - \Delta x) \sim 2\psi(x) + \frac{d^2\psi(x)}{dx^2}(\Delta x)^2$$

となりますから、ある場所 x での2階微分の値は

$$\frac{d^2\psi(x)}{dx^2} \sim \frac{\psi(x+\Delta x) - 2\psi(x) + \psi(x-\Delta x)}{(\Delta x)^2}$$

と近似できます。これが差分化です。

この差分化を使って1次元シュレーディンガー方程式の2階微分の項を置き換えると

$$-\frac{1}{(\Delta x)^2}\psi(x+\Delta x) + \left(\frac{2}{(\Delta x)^2} + V(x)\right)\psi(x) - \frac{1}{(\Delta x)^2}\psi(x-\Delta x) = \epsilon\psi(x)$$

となります。また、両端に壁が入っているとして、$\psi(0)=0$ と $\psi(L)=0$ という境界条件を課すと、$x=\Delta x$ における方程式は

$$-\frac{1}{(\Delta x)^2}\psi(x_2) + \left(\frac{2}{(\Delta x)^2} + V(x_1)\right)\psi(x_1) = \epsilon\psi(x_1)$$

となり、$x=L-\Delta x$ における方程式は

$$\left(\frac{2}{(\Delta x)^2} + V(x_N)\right)\psi(x_N) - \frac{1}{(\Delta x)^2}\psi(x_{N-1}) = \epsilon\psi(x_N)$$

となります。ここで、$x_i=i\Delta x$, $\Delta x=L/(N+1)$ としました。このように方程式を書き換えると、$x=\Delta x, 2\Delta x, \cdots, N\Delta x$ という N 箇所の場所に関する方程式が N 本できることになります。

さて、この差分化された方程式はどのように数値的に解けばよいでしょうか? それは、x_i における方程式を

$$\sum_j (d_{ij} + V(x_j)\delta_{ij})\psi(x_j) = \epsilon\psi(x_i)$$

と書き換えることで見えてきます。ここで、$d_{ij} = -(\delta_{i,j+1} + \delta_{i,j-1} - 2\delta_{ij})/(\Delta x)^2$ としています。δ_{ij} はクロネッカーのデルタ（$i=j$ のとき 1、それ以外は 0 となる）です。この形を見ると、左辺の方程式は行列とベクトルの積の成分表示 $[Ax]_i = \sum_j A_{ij}x_j$ となっていることがわかりますね。つまり、$\vec{\psi} = (\psi(x_1), \psi(x_2), \cdots, \psi(x_N))^T$ というベクトルを用意すれば、

$$H\vec{\psi} = \epsilon\vec{\psi}$$

という線形代数の固有値問題になっています。したがって、Julia を使って解くべきは、$N\times N$ 行列の固有値問題です。

というわけで、Julia で行列を作り、解いてみましょう。行列を作る関数を

```julia
function make_H(N,L,V)
    Δx = L/(N+1)
    H = zeros(Float64,N,N)
    for i=1:N
        x = i*Δx
        H[i,i] = V(x)
```

```
 7 │
 8 │          j=i+1
 9 │          dij = -1/Δx^2
10 │          if 1 ≤ j ≤ N
11 │              H[i,j] += dij
12 │          end
13 │
14 │          j=i
15 │          dij = 2/Δx^2
16 │          if 1 ≤ j ≤ N
17 │              H[i,j] += dij
18 │          end
19 │
20 │          j=i-1
21 │          dij = -1/Δx^2
22 │          if 1 ≤ j ≤ N
23 │              H[i,j] += dij
24 │          end
25 │
26 │      end
27 │      return H
28 │ end
```

としてみました。関数は左辺の行列そのままになっていますね。Δx を定義して、$i=1$ から N まで
の方程式を順番に行列 H に格納しています。この関数を使えば行列を定義できますので、あとは
固有値と固有ベクトルを求めればよいわけです。

　固有値と固有ベクトルを求めるには、線形代数パッケージの LinearAlgebra.jl を

```
 1 │ using LinearAlgebra
```

で呼びましょう。行列 H さえ計算していれば、固有値と固有ベクトルは

```
 1 │ e,v = eigen(H)
```

で計算できます。
　それでは、$V(x)=0$ のときの手で解いた解との比較をするために

```
 1 │ using Plots
 2 │ function test()
 3 │     V(x) = 0
 4 │     N = 1000
 5 │     L = 1
 6 │     H = make_H(N,L,V)
```

```
7        e,v = eigen(H)
8        e0 = zeros(Float64,N)
9        for n=1:N
10           e0[n] =n^2*π^2/L^2   #解析解（手で解いた解）
11       end
12       plot(1:N,[e,e0],labels=["Numerical result" "Analytical result"],
     xlabel="n",ylabel="energy")
13       savefig("eigen.png")
14       println(e0[1],"\t",e[1])
15   end
16   test()
```

を実行してみましょう。ここで、N は離散点の数で、L は系のサイズです。

下の図 4.1 を見ると、n が小さいところでは非常によく一致しています。実際、$n = 1$ のときの解析解と数値解はそれぞれ

```
1   9.869604401089358      9.8695963000201396
```

となっており、5 桁近く一致していることがわかります。

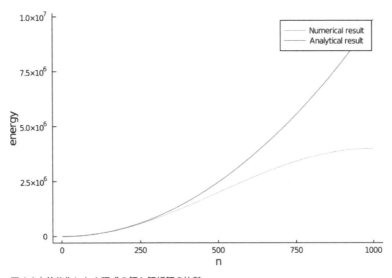

図 4.1｜差分化した方程式の解と解析解の比較

n が小さいところでよく合っており、n が大きくなるとずれる原因は、波動関数を見ればわかります。以下、プロットしてみましょう。一番低い $n = 1$ の波動関数と、結果がずれ始めるギリギリの $n = 250$ の波動関数を、次のコードを用いて両方プロットしてみます。

```
1   function test2()
2       V(x) = 0
3       N = 1000
4       L = 1
5       H = make_H(N,L,V)
6       e,v = eigen(H)
7
8       Δx = L/(N+1)
9       xs = zeros(Float64,N)
10      ψ0 = zeros(Float64,N)
11      ψ250 = similar(ψ0)
12      n = 1
13      m= 250
14      for i=1:N
15          x = i*Δx
16          xs[i] = x
17          ψ0[i] = sqrt(2/L)*sin(x*n*π/L)  #解析解
18          ψ250[i] = sqrt(2/L)*sin(x*m*π/L)  #解析解
19      end
20      coeff = 1/sqrt(Δx)  #規格化条件を揃える
21
22      plot(xs,coeff*v[:,n],label = "Numerical result n=1",xlabel="x",
        ylabel="psi(x)")
23      plot!(xs,ψ0,label="Analytical result n=1",xlabel="x",ylabel=
        "psi(x)")
24      plot!(xs,coeff*v[:,m],label = "Numerical result n=250",
        xlabel="x",ylabel="psi(x)")
25      plot!(xs,ψ250,label="Analytical result n=250",xlabel="x",
        ylabel="psi(x)")
26      savefig("psi.png")
27  end
28  test2()
```

ここで、**coeff** は規格化条件を揃えるためにつけました。行列を対角化すると、固有ベクトルの長さが1に規格化されています。一方、上で定義した規格化条件は積分した結果が1になるようになっています。そのため、積分を和に直すときの微小要素 **Δx** を用いて再規格化しました。

　得られた結果を、次ページの図 4.2 に示します。見てわかることは、エネルギーが低い解ほどゆっくりと振動しており、エネルギーが高くなればなるほど振動が激しくなるということです。これは解析解が sin 関数で書かれていることからも明らかですね。そして、数値解では x 軸を差分化していますから、この差分の幅よりも細かい振動を表すことができないのは明白です。つまり、大きい固有値がずれ始めた理由は、今の差分の幅では振動する解を記述できないから、ということになります。つまり、最大の波数は $k_{MAX} \sim 1/\Delta x$ です。そしてポテンシャルがないときの固有エネルギーは $\epsilon = k^2$ ですから、$\epsilon > 1/(\Delta x)^2$ より大きなエネルギーの解はずれる、ということになります。上のコードでは $L = 1$、$N = 1000$ ですから、$N^2 = 10^6$ まではエネルギーが合うことになります。図と比較すると、この関係がちゃんと成り立っていることがわかると思います。

　これを確かめるために、Nを2倍にして固有値のn依存性をプロットしてみてください。より大きいnまで固有値が合うことが確認できるはずです。

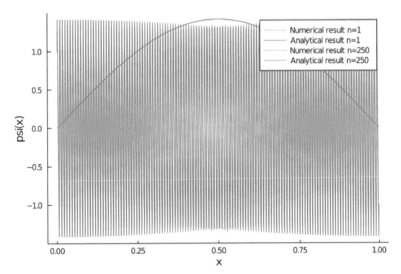

図 4.2 | 差分化した方程式の解と解析解の比較

　さて、解析解と一致する計算ができました。ここまではポテンシャル$V(x)$をゼロとしました。しかし、もちろん、コードには好きな形の$V(x)$を入れることができます。また、答えとなる波動関数が設定している差分の幅よりも細かく振動するような解の再現は難しいことがわかりました。

4.1.4 | フーリエ変換で解く
　次は、フーリエ変換をして解いてみましょう。波動関数$\psi(x)$は壁に囲まれていますから、境界条件は$\psi(0) = \psi(L) = 0$となりますが、これを満たすように解を展開すると、

$$\psi(x) = \sum_{n=1}^{\infty} c_n \sin(k_n x)$$

となります。ここで、$k_n = n\pi/L$です。このように波数を限定しておけば、任意のk_nで$\sin(k_n L) = 0$になりますので、$\psi(L) = 0$が満たされます。また、$\sin$関数は$x = 0$で0ですから、$\psi(x) = 0$も満たされます。つまり、この形で関数を展開しておけば、係数c_nに依らず境界条件が満たされます。
　次に、規格化条件を満たすように、$|\psi(x)|^2$を0からLまで積分したときに1になるように係数c_nに条件を課します。これは、

$$\int_0^L |\psi(x)|^2 dx = \sum_{n=1}^{\infty} |c_n|^2 \frac{L}{2} = 1$$

となるようなc_nを用意すればよい、ということになります。数値計算で係数を計算するときに便

利になるように、ここでは、

$$\psi(x) = \sqrt{\frac{2}{L}} \sum_{n=1}^{\infty} c_n \sin(k_n x)$$

$$\sum_{n=1}^{\infty} |c_n|^2 = 1$$

としておきます。

　この波動関数をシュレーディンガー方程式に代入すると、

$$\sqrt{\frac{2}{L}} \sum_{n'=1}^{\infty} (k_n^2 + V(x)) c_{n'} \sin(k_{n'} x) = \epsilon \sqrt{\frac{2}{L}} \sum_{n'=1}^{\infty} c_{n'} \sin(k_{n'} x)$$

となります。さらに、両辺に $\sqrt{\frac{2}{L}} \sin(k_n x)$ を掛けて 0 から L まで積分すると、

$$k_n^2 c_n + \sum_{n'=1}^{\infty} V_{n,n'} c_{n'} = \epsilon c_n$$

$$V_{n,n'} \equiv \frac{2}{L} \int_0^L dx V(x) \sin(k_n x) \sin(k_{n'} x)$$

まで整理できます。ここで、ポテンシャル $V(x)$ のフーリエ変換を

$$V_q \equiv \int_0^L dx \exp(-iqx) V(x)$$

と定義しておくと、

$$\sin(k_n x) \sin(k_{n'} x) = \frac{1}{4} (\exp(ik_n x) - \exp(-ik_n x))(\exp(ik_{n'} x) - \exp(-ik_{n'} x))$$

を用いて、

$$V_{n,n'} \equiv \frac{1}{2L} (V_{k_n + k_{n'}} - V_{-k_n + k_{n'}} - V_{k_n - k_{n'}} + V_{k_n + k_{n'}})$$

となります。

　ここまで整理すれば、あとは

$$\sum_{n'=1}^{\infty} [k_n^2 \delta_{n,n'} + V_{n,n'}] c_{n'} = \epsilon c_n$$

とすれば、行列の固有値方程式

$$H\vec{c} = \epsilon\vec{c}$$

という形になっていることがわかります。つまり、Juliaでこの行列 H を作成し、固有値と固有ベクトルを求めれば、シュレーディンガー方程式が解けたことになります。

では、実際に解いていきましょう。ポテンシャルとしては、ここではガウス関数

$$V(x) = V_0 \exp\left[-\frac{(x-x_0)^2}{\xi^2} \right]$$

を考えてみます。ポテンシャルは $x = x_0$ を中心に ξ 程度広がった形です。

このガウス関数のフーリエ変換は解析的に実行することができ、

$$V(q) = \int_{-\infty}^{\infty} dx e^{-iqx} V(x) = V_0 \int_{-\infty}^{\infty} dx e^{-iq(x+x_0)} \exp\left[-\frac{1}{\xi^2} x^2 \right]$$

$$= V_0 e^{-iqx_0} v(q)$$

$$v(q) = \sqrt{\pi\xi^2} \exp\left(-\frac{q^2\xi^2}{4} \right)$$

となります。もしガウス関数の幅が L よりも十分小さい場合には、0 から L までの積分に変更しても結果は変わらないと近似できるので、$V(q)$ はそのまま使うことができます。したがって、

$$U_{n,n'} = \frac{V_0}{L} \left(\cos((k_n - k_{n'})x_0) v(k_n - k_{n'}) - \cos((k_n + k_{n'})x_0) v(k_n + k_{n'}) \right)$$

という行列要素を計算すれば、波数表示のシュレーディンガー方程式を解くことが可能です。

まず、$v(q)$ を計算する関数を

```julia
function calc_vq(q,ξ,V0)
    vq = sqrt(π*ξ^2)*exp(-q^2*ξ^2/4)
    return vq
end
```

と定義します。そして、$V_{n,n'}$ を計算する関数を

```julia
function calc_Vkkp(k,kp,L,ξ,x0,V0)
    q1 = k - kp
    vq1 = calc_vq(q1,ξ,V0)
    q2 = k + kp
    vq2 = calc_vq(q2,ξ,V0)
    Vkkp = (V0/L)*(cos(q1*x0)*vq1 - cos(q2*x0)*vq2)
    return Vkkp
end
```

と定義します。あとは、ハミルトニアン行列を作成する

```
1   function make_Hk(N,L,ξ,x0,V0)
2       mat_Hk = zeros(Float64,N,N)
3       for n in 1:N
4           k = n*π/L
5           for np in 1:N
6               if n == np
7                   v = k^2
8               else
9                   v = 0
10              end
11              kp = np*π/L
12              Vkkp = calc_Vkkp(k,kp,L,ξ,x0,V0)
13              v += Vkkp
14              mat_Hk[n,np]= v
15          end
16      end
17      return mat_Hk
18  end
```

という関数を定義しましょう。このハミルトニアンを対角化し、固有値と固有ベクトルを求めれば、
固有値にエネルギー、固有ベクトルに展開係数が入ることになります。そこで、得られた展開係数
からある場所での波動関数を計算する関数

```
1   function calc_psi(cn,x,L)
2       nmax = length(cn)
3       psi = 0
4       for n=1:nmax
5           kn = n*π/L
6           psi += cn[n]*sin(kn*x)
7       end
8       return psi*sqrt(2/L)
9   end
```

を作ります。これでシュレーディンガー方程式を解くための全てのパーツが揃いました。固有値問
題を解くには前と同じく eigen を使います。そこで、

```
1   function momentumspace(N,L,ξ,x0,V0)
2       Hk = make_Hk(N,L,ξ,x0,V0)
3       ep,bn = eigen(Hk)
4       xs = range(0,L,length=N)
5       psi = zeros(Float64,N)
6       n = 1
```

```
7    #enumerate関数。xsから要素を取り出しながらiというインデックスを1から増や
     す
8    for (i,x) in enumerate(xs)
9        psi[i] = calc_psi(bn[:,n],x,L)
10   end
11   plot(xs,psi,label = "Numerical result in momentum space: n=1",
     xlabel="x",ylabel="psi(x)")
12   savefig("momu.pdf")
13   return
14   end
```

という関数を作り、最低固有値の波動関数をプロットしてみましょう（図4.3）。

```
1    N = 1000
2    L = 10
3    ξ = 1
4    x0 = L/2
5    V0 = 1
6
7    momentumspace(N,L,ξ,x0,V0)
```

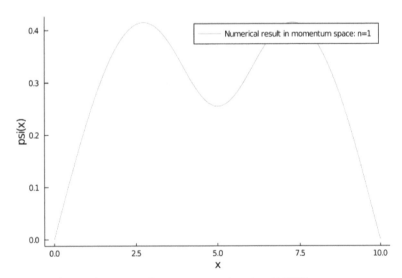

図4.3｜ガウス型ポテンシャルがあるときの最低エネルギーの波動関数

ポテンシャルの大きさやNの数を変えて、どのような振る舞いになるか見てみると面白いかもしれません。

　次に、差分化した場合と運動量表示をして解いた場合の結果の比較をしてみましょう。差分化のコードはポテンシャルを関数として入れることができるようにしていました。そこで、

```
1  function gaussV(x,ξ,x0,V0)
2      V0*exp(-(x-x0)^2/ξ^2)
3  end
```

とガウス型ポテンシャルを定義しておきましょう。そして、

```
1  V(x) = gaussV(x,ξ,x0,V0)
2  Hreal = make_H(N,L,V)
3  e,v = eigen(Hreal)
```

のように x の関数として V を定義すれば、差分化の場合の固有値と固有ベクトルが求まります。この結果と運動量表示をした結果のエネルギーの比較をプロットしてみてください。低いエネルギーではよく一致し、高いエネルギーでは差分化の影響でずれていくのが見えると思います。

▌4.2▐ 時間依存のない2次元シュレーディンガー方程式：特殊関数を使う

1次元のシュレーディンガー方程式を様々な方法で解きましたが、ここでは2次元のシュレーディンガー方程式：

$$-\nabla^2 \psi(r) + V(r)\psi(r) = E\psi(r)$$

を解くことにします。2次元のシュレーディンガー方程式は x と y 方向の2階微分を含みます。2次元系も先ほどと同様に差分化や運動量表示で解くこともできますが、ここでは特殊関数を使って解いてみましょう。Julia では簡単に特殊関数を扱う仕組みが備わっています。特殊関数を使って解く場合には少し式変形が必要ですので、少しだけ方程式をいじることとします。

考える系は半径 R のディスク状だとします。そして、境界条件はこの $x^2 + y^2 = R^2$ となるような x, y で波動関数がゼロ、ということにします。

円筒座標系 $(x, y) = (r\cos\theta, r\sin\theta)$ でのナブラ演算子 ∇^2 は

$$\nabla^2 = \frac{\partial^2}{\partial r^2} + \frac{1}{r}\frac{\partial}{\partial r} + \frac{1}{r^2}\frac{\partial}{\partial \theta^2}$$

となります。ポテンシャル $V(x, y) = V(r)$ というような動径座標にのみ依存する形を考えます。このとき、解を $\psi(r, \theta) = \xi(r)\Psi(\theta)$ のように変数分離することができ、$\Psi(\theta)$ は

$$\Psi(\theta) = \exp(in\theta)$$

となりまして、$\xi(r)$ は

$$\left[-\frac{\partial^2}{\partial r^2} - \frac{1}{r}\frac{\partial}{\partial r} + \frac{n^2}{r^2} + V(r) \right]\xi(r) = E\xi(r)$$

という微分方程式を解くことで得られます。この微分方程式の境界条件は

$$\xi(R) = 0$$

です。この微分方程式を特殊関数を使って解いてみましょう。

さて、上の微分方程式はベッセルの微分方程式：

$$x^2\frac{\partial^2}{\partial x^2}y(x) + x\frac{\partial}{\partial x}y(x) + (x^2 - n^2)y(x) = 0$$

に似ています。もう少し似せるためにシュレーディンガー方程式の両辺に $-r^2$ を掛け、右辺の項を左辺に移動させますと、

$$r^2\frac{\partial^2\xi(r)}{\partial r^2} + r\frac{\partial\xi(r)}{\partial r} + (r^2 E - n^2)\xi(r) - r^2 V(r) = 0$$

となり、$r' = r\sqrt{E}$ という変数変換をしますと、

$$r'^2\frac{\partial^2\xi(r')}{\partial r'^2} + r'\frac{\partial\xi(r')}{\partial r'} + (r'^2 - n^2)\xi(r') - \frac{r'^2}{E}V(r') = 0$$

が得られます。かなり似てきます。

4.2.1 ｜ベッセル関数のプロット

ベッセルの微分方程式の解はベッセル関数と呼ばれ、n が整数のとき、第一種ベッセル関数 $J_n(x)$ と第二種ベッセル関数 $Y_n(x)$ の線型結合：

$$y(x) = C_1 J_n(x) + C_2 Y_n(x)$$

と書かれることが知られています。この $J_n(x)$ と $Y_n(x)$ がどのような関数になっているのか、Julia でプロットしてみましょう。

ベッセル関数は特殊関数の一つでして、特殊関数は Julia では SpecialFunctions.jl で扱うことができます。そこで、Julia の REPL モードで] キーを押して、

```
1  (@v1.6) pkg> add SpecialFunctions
```

として SpecialFunctions.jl パッケージをインストールしましょう。これでベッセル関数を扱うことができるようになりました。すると、

```
1   using SpecialFunctions
2   using Plots
3
4   function test()
5       N = 100
6       xs = range(0,10,length=N)
7       for n=0:3
8           Jn = besselj.(n,xs)
9           Yn = bessely.(n,xs)
10          plot!(xs,Jn,label="J$n(x)",ylims=(-1,1))
11          plot!(xs,Yn,label="Y$n(x)",ylims=(-1,1))
12      end
13      savefig("JY.png")
14  end
15  test()
```

とすればプロットすることができます。プロットした結果を下の図 4.4 に示します。ここで、besselj(n,x) は n 次の第一種ベッセル関数 $J_n(x)$、bessely(n,x) は n 次の第二種ベッセル関数 $Y_n(x)$ を計算する関数です。このコードでは Jn = besselj.(n,xs) としていますが、これは . を使ってブロードキャストをしていることを意味しています。つまり、xs には N 個の x の値が入っているので、それぞれの x に対するベッセル関数を計算し配列 Jn に格納しています。

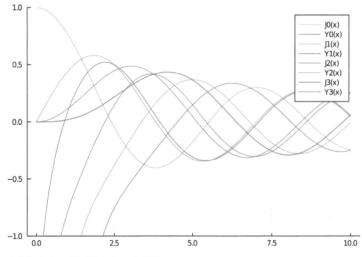

図 4.4 | 第一種と第二種のベッセル関数

プロットしたベッセル関数を見てみますと、第一種の方 $J_n(x)$ は原点で有限の値（1 または 0）になりますが、第二種の方 $Y_n(x)$ は原点で発散していることがわかります。今扱っているのは波動関数ですので、波動関数が発散するのは困ります。ですので、解は第一種ベッセル関数でのみ書かれることがわかります。

4.2.2 | ポテンシャルがない場合

ポテンシャルがない場合（$V(r)=0$）、この微分方程式は完全にベッセルの微分方程式と同じになっています。つまり、微分方程式の解は第一種ベッセル関数$J_n(r)=J_n(\sqrt{E}\,r)$で書けます。そして、ベッセル関数は境界条件$\xi(R)=0$を満たす必要があります。上でプロットしたように、ベッセル関数は振動する関数です。ですので、$\xi(R)=0$を満たす関数はたくさんあります。つまり、

$$J_n(\sqrt{E}\,R)=0$$

となるような固有値Eであれば、解が存在しています。ベッセル関数がちょうどゼロになる点はベッセル関数の零点と呼ばれています。n次のベッセル関数のm個目の零点をα_{nm}としますと、エネルギーは

$$E=\frac{\alpha_{nm}^2}{R^2}$$

となります。ベッセル関数の零点はどのような値でしょうか？　幸いなことに、Juliaには、ベッセル関数の零点を探すパッケージがあります。FunctionZeros.jlというパッケージです。addを使ってインストールしてみてください。これを使って、例えば0次のベッセル関数の零点を小さい順に5つ並べると、

```
julia> using FunctionZeros
julia> besselj_zero.(0, 1:5)
5-element Vector{Float64}:
 2.4048255576957724
 5.520078110286311
 8.653727912911007
11.791534439014281
14.930917708487787
```

となります。ここで、 . を使ってブロードキャストを用いて1から5まで一気に計算しました。

ディスクの半径Rが10のとき、解となる0次のベッセル関数を描いてみましょう。

```
function test2()
    R = 10
    N = 100
    Nene = 5
    n = 0
    Es = besselj_zero.(n, 1:Nene).^2/R^2 #E=alpha^2/R^2
    xs = range(0,10,length=N)
    for (i,E) in enumerate(Es)
        J0 = besselj.(0,xs*sqrt(E))
        plot!(xs,J0,label="$i-th eigenvalue",ylims=(-1,1))
    end
    savefig("J0.png")
```

```
13  end
14  test2()
```

先ほどのコードとよく似ていますね。このコードでも `.` によるブロードキャストを使っています。得られた結果は下の図4.5のようになっており、ちゃんとディスクの端での値がゼロになっています。このコードでは0次のベッセル関数しか描いていませんが、他の次数がどうなっているか見てみるのもよいと思います。

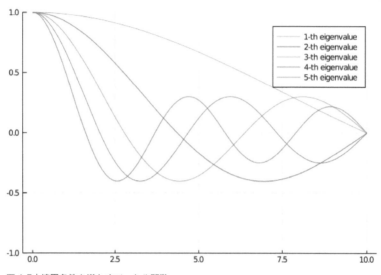

図4.5｜境界条件を満たすベッセル関数

4.2.3｜ポテンシャルがある場合

ポテンシャルがあるときにベッセル関数を使って解いてみましょう。やることはフーリエ変換を用いて波数表示を用いたときとほとんど同じです。解となる関数を境界条件を満たすようなベッセル関数で展開し、方程式を書き換えるだけです。考えている境界条件は原点で発散しないこととディスクの端でゼロになることですから、ポテンシャルが円筒対称な形ならば、波動関数は

$$\xi_n(r) = \sum_{i=1}^{\infty} c_i J_n\left(\alpha_{n,i}\frac{r}{R}\right)$$

のような形で i 番目の零点を持つ n 次の第一種ベッセル関数の線形結合で書けます。なぜならば、ベッセル関数には、

$$\int_0^1 dx\, x J_n(\alpha_{n,j}x) J_n(\alpha_{n,k}x) = \frac{\delta_{jk}}{2} J_{n+1}(\alpha_{nj})^2$$

という形の "直交性" があるので、$0 \le x \le 1$ 上の関数 $f(x)$ を

$$f(x) = \sum_{j=1}^{\infty} a_j J_n(\alpha_{nj} x)$$

$$a_j = \frac{2}{J_{n+1}(\alpha_{nj})^2} \int_0^1 dx\, x f(x) J_n(\alpha_{nj} x)$$

とベッセル関数を用いて展開できるからです。これをフーリエ‐ベッセル展開と呼びます。

1階微分の項と2階微分の項がそれぞれ

$$\frac{1}{r} \frac{\partial}{\partial r} J_n\left(\alpha_{nj} \frac{r}{R}\right) = \frac{\alpha_{nj}^2}{R^2} \frac{1}{r'} \frac{\partial}{\partial r'} J_n(r')$$

$$\frac{\partial^2}{\partial r^2} J_n\left(\alpha_{nj} \frac{r}{R}\right) = \frac{\alpha_{nj}^2}{R^2} \frac{\partial^2}{\partial r'^2} J_n(r')$$

となることを使って方程式を整理しますと（波数表示と似たような手続きで導出できます）、

$$\frac{\alpha_{ni}^2}{R^2} c_i + \sum_j V_{ij} c_j = \epsilon c_i$$

$$V_{ij} \equiv \frac{2}{J_{n+1}(\alpha_{nj})^2} \int_0^1 dx\, x V(Rx) J_n(\alpha_{ni} x) J_n(\alpha_{nj} x)$$

のような簡単な形で方程式を書き下すことができます。

　波数表示のときにはポテンシャルを手で積分できるガウス関数としましたが、ここでは任意のポテンシャルに対応するように数値積分をして V_{ij} を計算してみましょう。Juliaで1次元数値積分するパッケージとしては QuadGK.jl というものがありますので、REPLでこれまでと同様にパッケージをインストールします。

　QuadGK の使い方を見るために、ベッセル関数の直交性について調べてみましょう。ベッセル関数の積の積分を計算する関数を

```
1  function orthoij(n,i,j)
2      αi = besselj_zero(n,i)
3      αj = besselj_zero(n,j)
4      f(x) = x*besselj(0,αi*x)*besselj(0,αj*x)
5      dij,err = quadgk(f,0,1)
6      return dij
7  end
```

と定義すると、

```
1  function test3()
2      i = 1
```

```
 3        j = 1
 4        n = 0
 5        dij = orthoij(n,i,j)
 6        αi=besselj_zero(n,i)
 7        println(dij[1]*2/besselj(1,αi)^2)
 8        i = 1
 9        j = 2
10        dij = orthoij(n,i,j)
11        αi=besselj_zero(n,i)
12        println(dij[1]*2/besselj(1,αi)^2)
13
14 end
```

のように、直交性を確認することができます。

　それでは、コードを作ります。と言っても、ポテンシャルに関する部分を計算する関数さえあれば、あとは固有値問題を解くだけですので、前と同じです。その関数は以下のコードです。

```
 1 function calc_Vij(n,i,j,R,V)
 2     αi = besselj_zero(n,i)
 3     αj = besselj_zero(n,j)
 4     f(r) = r*V(R*r)*besselj(n,αi*r)*besselj(n,αj*r)
 5     v,err = quadgk(f,0,1)
 6     Vij =v*2/besselj(n+1,αi)^2
 7     return Vij
 8 end
```

それではポテンシャルとして

$$V(r) = 2 \exp\left(-(r-R/4)^2/(R/20)^2\right)$$

のようなものを考えてみましょう。これはディスクの直径の 1/4 のところにドーナツ状にポテンシャルを配置したことに対応しています。

　行列の作成はこれまでの差分の場合と同じようなコードで、

```
 1 function make_H(n,V,N,R)
 2     H = zeros(Float64,N,N)
 3     for i=1:N
 4         αi = besselj_zero(n,i)
 5         for j=1:N
 6             if i==j
 7                 H[i,i] += αi^2/R^2
 8             end
 9             Vij = calc_Vij(n,i,j,R,V)
10             H[i,j] += Vij
11         end
12     end
```

```
13        return H
14    end
```

のように作ることができます。この行列を対角化してプロットすればよいのです。ベッセル関数の係数が得られたときに波動関数を計算する関数として、

```
1    function calc_psi(ci,n,r,R)
2        N = length(ci)
3        psi = 0
4        for i=1:N
5            αi=besselj_zero(n,i)
6            psi += ci[i]*besselj(n,αi*r/R)
7        end
8        return psi
9    end
```

を作っておけば、

```
1    function test4()
2        R = 10
3        V(r) = 2*exp(-(r-R/4)^2/(R/20)^2)
4        N = 30
5        n = 0
6        H = make_H(n,V,N,R)
7        e,v = eigen(H)
8        println(e)
9
10       Nx = 100
11       xs = range(0,10,length=Nx)
12       i1=1
13       i2=2
14       psis1 = zero(xs)  #xsと同じサイズで中身がゼロの配列を作る
15       psis2 = zero(xs)
16       for (j,x) in enumerate(xs)
17           psis1[j] = calc_psi(v[:,i1],n,x,R)
18           psis2[j] = calc_psi(v[:,i2],n,x,R)
19       end
20       plot(xs,psis1,label="$i1-th eigenvalue")
21       plot!(xs,psis2,label="$i2-th eigenvalue")
22       savefig("JV.png")
23   end
24   test4()
```

でプロットできます。プロットした結果と、ポテンシャルがない場合の結果を比較してみましょう。ポテンシャルがある部分でちょうど波動関数が凹んでいることがわかると思います。二つを同時に

プロットして、どのくらい違うかを見てみるのもよいかもしれません。

4.3 波動関数の時間発展：行列演算を行う

本日の最後として、時間依存シュレーディンガー方程式

$$i\hbar\,\frac{\partial\psi(r,t)}{\partial t} = \mathcal{H}(r)\psi(r,t)$$

$$\mathcal{H} \equiv -\frac{\hbar^2}{2m}\nabla^2 + V(r)$$

を数値的に解いてみましょう。ここで、$\mathcal{H}(r)$ はこれまで解いてきたものと同じハミルトニアンで、時間依存はしていないとします。簡単のため、1次元の系を考えます。ハミルトニアンには微分演算子が含まれていますが、これまで見てきたように、数値計算的には行列に帰着させることができます。また、係数を簡単にするために前と同じような無次元化を行い、

$$i\,\frac{\partial\psi(r,t)}{\partial t} = \mathcal{H}(r)\psi(r,t)$$

$$\mathcal{H} \equiv -\nabla^2 + V(r)$$

という方程式の時間発展を見てみることにします。

この方程式は厳密に解くことができ、時刻 0 での波動関数を $\psi(x,0)$ とすれば、

$$\psi(x,t) = \exp(-i\mathcal{H}t)\psi(x,0)$$

となります。ここで、行列の指数関数 $\exp(A)$ というものが出てきていますが、これは指数関数をテイラー展開で表したもの

$$\exp(A) \equiv \sum_{n=0}^{\infty}\frac{A^n}{n!}$$

から定義されています。この定義を使って、シュレーディンガー方程式の左辺の時間微分の項に代入すれば、右辺が出てくることになり、きちんと解になっていることが確認できます。

この解を用いると、時刻 $t+\Delta t$ における波動関数を時刻 t での波動関数で書くことができ、

$$\psi(x,t+\Delta t) = \exp(-i\mathcal{H}\Delta t)\psi(x,t)$$

が得られます。時刻を Δt 進めるごとに $\exp(-i\mathcal{H}\Delta t)$ を掛け算していけば、波動関数の時間発展をシミュレーションできることになります。

ここでは初期波動関数として、

$$\psi(x, t=0) = \frac{1}{(\pi\sigma^2)^{1/4}} \exp\left[-\frac{(x-x_0)^2}{2\sigma^2} \right] e^{ik_0(x-x_0)}$$

というガウシアン関数で与えられた波束を考えてみます。なお、$e^{ik_0(x-x_0)}$ はこの波束の初期速度を表します。この波束の時間発展シミュレーションを行ってみましょう。

4.3.1 | 何も考えない方法

Julia では行列の指数関数を簡単に計算できるので、$\exp(-i\mathcal{H}\Delta t)$ という行列さえ先に計算してしまえば、時間発展を簡単にシミュレーションできます。では、やってみましょう。

まず、時間に依存しない1次元シュレーディンガー方程式を差分化して解いたときに使った関数 make_H(N,L,V) を再び用意します。そして、作った行列を用いて行列の指数関数を作って掛けるだけです。時間発展の関数を

```
1  function timeevolv(ψ,N,Nt,Δt,H)
2      ψs = zeros(ComplexF64,N,Nt) #各時刻での波動関数を保存しておく
3      U = exp(-im*Δt*H)
4      for i=1:Nt
5          ψ = U*ψ
6          ψs[:,i] = ψ
7      end
8      return ψs
9  end
```

とすれば、全体のコードは

```
1   function timedep_simple()
2       anim = Animation()
3       N = 4000
4       L = 40.0
5       xs = range(0,L,length = N)
6       σ = 1
7       k0 = 10
8       ψ0 = zeros(ComplexF64,N)
9       x0 = 5
10      @. ψ0 =  (π*σ^2)^(-1/4)*exp(-(xs-x0)^2/(2σ^2)+im*k0*(xs-x0))
11      dx = (xs[2]-xs[1])/N
12      V(x) = 0
13      H = make_H(N,L,V)
14      Δt = 0.02
15
16
17      Nt = 100
18      c = sqrt(norm(ψ0)^2*dx) #規格化定数
19      ψ = ψ0/c
```

```
20        ψ2max = maximum(abs.(ψ).^2) #波動関数の絶対値の最大値
21
22        println("norm = $(norm(ψ)^2*dx)")
23        @time ψs = timeevolv(ψ,N,Nt,Δt,H)
24
25        for i=1:Nt
26            plt = plot(xs,abs.(ψs[:,i]).^2,ylims=(0,ψ2max))
27            println("$i-th: norm = $(norm(ψs[:,i])^2*dx)")
28            frame(anim, plt)
29        end
30        gif(anim, "simple.gif", fps = 30)
31    end
32 timedep_simple()
```

となります。円周率を求めるときのボールの衝突シミュレーションと同じように GIF アニメーションを作るようにしています。また、波動関数の絶対値の 2 乗は粒子の存在確率ですので、その積分は 1 にならなければなりません（必ずどこかで見つかるはずなので）。そこで、

$$\int_0^L dx \mid \psi(x,t) \mid^2 \sim \sum_{i=1}^N \mid \psi(x_i,t) \mid^2 \frac{L}{N} = \psi(t)^\dagger \psi(t) \frac{L}{N} = 1$$

となるように波動関数の係数を決めました。ここで、$\psi(t)$ は長さが N の縦ベクトルでして、$\psi(t)^\dagger$ は $\psi(t)$ を転置して複素共役を取った横ベクトルです。このコードを実行すると simple.gif という GIF アニメーションファイルができます。実行した結果をみると、波束が高さを減らし広がりながら右に進んでいくのが見えると思います。これは、波束が異なる波数の平面波の重なりによってできているからです。異なる波数の平面波はそれぞれ異なる運動量を持ちますので、足並みが崩れていき、波束が崩れていきます。コードの k0 を変化させると初期速度が変化しますので、試してみると面白いでしょう。

　@time というのは Julia の「マクロ機能」です。ここでは詳細については述べませんが、便利な機能と覚えておけばよいでしょう。@ がついているものをマクロと呼びます。@time マクロはつけた部分の計算時間を測ってくれます。ここでは関数 timeevolv(ψ,N,Nt,Δt,H) の計算にかかった時間を表示してくれます。

　なお、コードでは時間ステップごとに波動関数の絶対値の 2 乗の積分が 1 になっているかをチェックしています。これはなぜかと言いますと、時刻 t での波動関数の絶対値の 2 乗の積分が 1 となっているときには、時刻 $t+\Delta t$ での波動関数の絶対値の 2 乗の積分も 1 になっていなければならないからです。これは、上の積分の式に $t+\Delta t$ を代入したときに、

$$\psi(t+\Delta t)^\dagger \psi(t+\Delta t) \frac{L}{N} = \psi(t)^\dagger \exp(i\mathcal{H}\Delta t) \exp(-i\mathcal{H}\Delta t) \psi(t) \frac{L}{N} = 1$$

となって、やはり1にならなければならないからです。シミュレーション中にこの値が1から大きく外れていった場合、正しく時間発展が計算できていないことがわかります。

4.3.2 | 少しだけ考えた方法：疎行列を使った方法

上でやった方法は行列 H が大きくなると指数関数の計算が大変になっていきます。例えば $N = 4000$ にするとどのくらいかかるか見てみましょう。N を増やしていくと遅くなっていることがわかると思います。そこで、もう少し考えてみます。

行列というのはそのまま計算するのは大変です。しかし、多くのシミュレーションの場合、行列は行列とベクトルの積として現れます。今回の場合には、$e^{\hat{A}}\vec{x}$ のような計算が必要となります。上のコードでは $e^{\hat{A}}$ という行列を計算してからベクトル $\vec{x}$ に掛けていました。しかし、行列 $e^{\hat{A}}$ を直接計算しなくても $e^{\hat{A}}\vec{x}$ を計算する方法があります。例えば、素朴に考えると、行列の指数関数はテイラー展開で定義されていますから、

$$e^{\hat{A}}\vec{x} = \sum_{n=0}^{\infty} \frac{1}{n!} \hat{A}^n \vec{x}$$

とすれば、$\hat{A}$ と $\vec{x}$ の積だけ繰り返していけば求まります。

さらに、考えている行列 $\hat{A}$ はほとんどの要素がゼロですから、値を持っている部分だけの積にすればさらに計算が速くなると予想されます。このような要素がほとんどないスカスカな行列のことを「疎行列」と呼びます。Julia には疎行列を扱うパッケージがあり、これを使うと高速に計算が可能です。また、行列の指数関数とベクトルの積 $e^{\hat{A}}\vec{x}$ を高速に計算するパッケージもあります。ですので、この二つを使えば高速に計算ができます。これまで使ってきた行列は疎行列と比較して「密行列」と呼びます。疎行列を扱うパッケージは SparseArrays.jl パッケージです。REPLのパッケージモードの add でインストールしてください。

密行列から疎行列に変換するには

```
1  using SparseArrays
2  Hd = make_H(N,L,V)
3  H = sparse(Hd)
```

のように sparse という関数に密行列を入れれば OK です。しかし、密行列が非常に大きく計算機のメモリに入りきらない場合、この方法だと無駄が多いです。そういう場合は疎行列用の make_H(N,L,V) を作って初めから疎行列で計算することができます。一方、もう少し良い方法もあります。それは、make_H を少し改造し、

```
1  function make_H!(H,N,L,V)
2      @. H = 0
3      Δx = L/(N+1)
```

```
4      for i=1:N
5          x = i*Δx
6          H[i,i] = V(x)
7
8          j=i+1
9          dij = -1/Δx^2
10         if 1 ≤ j ≤ N
11             H[i,j] += dij
12         end
13
14         j=i
15         dij = 2/Δx^2
16         if 1 ≤ j ≤ N
17             H[i,j] += dij
18         end
19
20         j=i-1
21         dij = -1/Δx^2
22         if 1 ≤ j ≤ N
23             H[i,j] += dij
24         end
25
26     end
27     return
28 end
```

という形にしてしまうという方法です。違いは make_H が make_H! とエクスクラメーションマークがついていることと、引数に H が入っていることです。make_H! は入力された H を初期化してから、行列 H に値を入力します。つまり、入れた引数 H はこの関数を実行すると値が書き換わります。Julia では、入れた引数が変わる関数にはエクスクラメーションマークをつける、というコーディングルールがあります。このルールは守らなくても構いませんが、Julia のパッケージの関数は基本的にはこのルールに従っていますので、エクスクラメーションマークの有無で入れた配列が変化するかどうかわかり、便利です。

　このように引数として H を入れるようにすると、H を密行列にした場合は密行列、疎行列にした場合は疎行列の行列が全く同じ関数で定義できます。つまり、

```
1 H = zeros(Float64,N,N) #NxNの要素ゼロの密行列を定義
2 make_H!(H,N,L,V) #密行列のハミルトニアンを作成
3 H = spzeros(Float64,N,N) #NxNの要素ゼロの疎行列を定義
4 make_H!(H,N,L,V) #疎行列のハミルトニアンを作成
```

というような感じで、コードをほとんどいじらずに好きな形式の行列に対応させることができます。

　そして、疎行列の $e^{\hat{A}}\vec{x}$ を計算できるパッケージとしてここでは KrylovKit.jl を用います。このパッケージには exponentiate(H,t,x) という関数がありまして、$e^{\hat{H}t}\vec{x}$ を計算してくれます。そこで、

add で KrylovKit.jl をインストールしてから、行列が疎行列のとき用の関数として、

```
1  using KrylovKit
2  function timeevolv(ψ,N,Nt,Δt,H::SparseMatrixCSC)
3      ψs = zeros(ComplexF64,N,Nt) #各時刻での波動関数を保存しておく
4      for i=1:Nt
5          ψ,info = exponentiate(H,-im*Δt,ψ)
6          ψs[:,i] = ψ
7      end
8      return ψs
9  end
```

を定義しておきます。ここで、H::SparseMatrixCSC としているのは、H の型を指定しているものです。もし H が疎行列なら H の型は SparseMatrixCSC という型になっています。Julia には多重ディスパッチがありますので、H の型に応じて呼び出す関数を決めることができます。つまり、H の型が SparseMatrixCSC のときだけこの疎行列用の関数を呼び出します。ですので、コードでは H = zeros(Float64,N,N) を H = spzeros(Float64,N,N) に置き換えるだけで、コードが疎行列対応になります。疎行列対応に変更し、N の大きさを変化させて計算時間の差を調べてみましょう。N が大きくなるほど差が開いていくことがわかると思います。

4.3.3 | 陽的解法：指数関数をそのまま近似する　その1

上の二つの例では行列の指数関数を使って計算を行いました。これらの方法は正確かもしれませんが、行列の指数関数とその積を計算しなければならず、計算コストがかかります。また、Julia ではパッケージがありますのですぐにコードが書けましたが、Fortran などでは一から実装する必要があり、大変です。そのため、通常、時間依存シュレーディンガー方程式を解く方法の紹介には、指数関数をそのまま使いません。そこで、ここではそれらの「従来型」の方法について説明します。

扱う指数関数は $\exp(-i\mathcal{H}\Delta t)$ という形をしています。これを $\mathcal{H}$ の 1 次まで展開すると、

$$\exp(-i\mathcal{H}\Delta t) \sim 1 - i\mathcal{H}\Delta t$$

となります。したがって、時刻 $t+\Delta t$ の波動関数は Δt が小さければ

$$\psi(x, t+\Delta t) \sim (1 - i\mathcal{H}\Delta t)\psi(x, t)$$

と近似できるはずです。これを使ってみましょう。そのためには、上で定義した timeevolv 関数を

```
1  function timeevolv(ψ,N,Nt,Δt,H::SparseMatrixCSC)
2      ψs = zeros(ComplexF64,N,Nt) #各時刻での波動関数を保存しておく
3      for i=1:Nt
4          ψ= ψ -im*Δt*H*ψ #(1 - iHΔt)ψ
5          ψs[:,i] = ψ
```

```
6         end
7         return ψs
8    end
```

とすればいいですね。このような近似方法を陽的解法と呼びます。

　コードにこの関数を使って実行してみてください。何が起きるでしょうか？

　このシミュレーションは失敗します。波動関数のノルムが1を保っておらず、どんどん増大していったと思います。これはなぜかと言いますと、本来1になるべき $\exp(i\mathcal{H}\Delta t)\exp(-i\mathcal{H}\Delta t)$ が

$$\exp(i\mathcal{H}\Delta t)\exp(-i\mathcal{H}\Delta t) \sim (1+i\mathcal{H}\Delta t)(1-i\mathcal{H}\Delta t) = 1 + \mathcal{H}^2(\Delta t)^2$$

と単位行列よりも大きくなっているからです。これは、時刻 $t+\Delta t$ における波動関数の絶対値の2乗の積分が、時刻 t のときのものよりも増えることを意味しています。そのため、この近似を使ったシミュレーションではノルムが発散しました。

4.3.4 │ 陰的解法：指数関数をそのまま近似する　その2

　陽的解法は失敗してしまいました。陽があれば陰があります。次に陰的解法を使ってみましょう。陰的解法の導出も難しくありません。時刻 $t+\Delta t$ における波動関数の式の両辺に $\exp(i\mathcal{H}\Delta t)$ を掛け、その後 $\exp(i\mathcal{H}\Delta t) \sim 1 + i\mathcal{H}\Delta t$ と近似します。つまり、

$$\exp(i\mathcal{H}\Delta t)\psi(x, t+\Delta t) = \psi(x, t)$$
$$(1 + i\mathcal{H}\Delta t)\psi(x, t+\Delta t) = \psi(x, t)$$

という形にします。この方程式は $\hat{A}\vec{x} = \vec{b}$ という形をした連立方程式になっていますから、$\psi(x, t)$ さえわかれば $\psi(x, t+\Delta t)$ が得られることがわかります。このような手法を陰的解法と呼びます。Julia では連立方程式 $\hat{A}\vec{x} = \vec{b}$ は x = A \ b で解くことができますから、コードは

```
1    function timeevolv(ψ,N,Nt,Δt,H::SparseMatrixCSC)
2        ψs = zeros(ComplexF64,N,Nt) #各時刻での波動関数を保存しておく
3        A = im*Δt*H
4        A += I(N)
5        for i=1:Nt
6            ψ = A \ ψ
7            ψs[:,i] = ψ
8        end
9        return ψs
10   end
```

とすればよいですね。このコードを実行してみてください。うまくいくでしょうか？

　このシミュレーションも失敗します。今度はノルムがどんどん小さくなっていって、最後には0になったと思います。これは、陰的解法においては、指数関数 $\exp(-i\mathcal{H}\Delta t)$ を $\exp(-i\mathcal{H}\Delta t) \sim (1+$

$i\mathcal{H}\Delta t)^{-1}$ としたことに対応しているためで、

$$\exp(i\mathcal{H}\Delta t)\exp(-i\mathcal{H}\Delta t) \sim (1-i\mathcal{H}\Delta t)^{-1}(1+i\mathcal{H}\Delta t)^{-1} = (1+\mathcal{H}^2(\Delta t)^2)^{-1}$$

と単位行列よりも小さくなっているからです。ということで、このシミュレーションも失敗します。

4.3.5 │ クランク-ニコルソン法：陽的解法と陰的解法の混合

　陽的解法と陰的解法の両方のシミュレーションが失敗しました。失敗した理由は、ノルムが変わってしまう近似方法だったからです。これを改良するにはどうすればいいでしょうか？

　その方法はあります。時刻 $t+\Delta t$ の波動関数を求める式の両辺に $\exp(i\mathcal{H}\Delta t/2)$ を掛けてみましょう。

$$\exp(i\mathcal{H}\Delta t/2)\psi(x,t+\Delta t) = \exp(-i\mathcal{H}\Delta t/2)\psi(x,t)$$

そして、両辺にある指数関数をそれぞれ $\exp(\pm i\mathcal{H}\Delta t/2) \sim 1\pm i\mathcal{H}\Delta t/2$ と近似します。そして右辺の係数を左辺に移動させると

$$\psi(x,t+\Delta t) \sim (1+i\mathcal{H}\Delta t/2)^{-1}(1-i\mathcal{H}\Delta t/2)\psi(x,t)$$

という式が得られます。この近似を行ったときのノルムは

$$\exp(i\mathcal{H}\Delta t)\exp(-i\mathcal{H}\Delta t) \sim (1+\mathcal{H}^2(\Delta t)^2/2)^{-1}(1+\mathcal{H}^2(\Delta t)^2/2) = 1$$

となりますから、ノルムは保存します。この手法をコードにするには

```
1   function timeevolv(ψ,N,Nt,Δt,H::SparseMatrixCSC)
2       ψs = zeros(ComplexF64,N,Nt) #各時刻での波動関数を保存しておく
3       A = (im*Δt/2)*H
4       B = (-im*Δt/2)*H
5       A += I(N)
6       B += I(N)
7       for i=1:Nt
8           ψ = A \ (B*ψ)
9           ψs[:,i] = ψ
10      end
11      return ψs
12  end
```

とすればよいですね。$\hat{A}\vec{x}=\vec{b}$ の $\vec{b}$ の部分に陽的解法の $\Delta t/2$ だけ動かした波動関数を入れ、$\hat{A}$ に $\Delta t/2$ だけ動かしたものを入れました。直観的には、$\Delta t/2$ だけ陽的解法によって動かして増えたノルムを、$\Delta t/2$ だけ陰的解法によって動かして減らして辻褄を合わせていることになっています。このような手法をクランク-ニコルソン法と呼びます。

　シュレーディンガー方程式の時間発展をシミュレーションする方法は他にも様々な方法がありますが、ここではノルムを保存する3種類の方法を紹介しました。それぞれの手法の計算速度と結果

を比べてみてください。特に、疎行列を使うことが計算を高速化するためには重要であることがわかったと思います。Julia では疎行列を簡単に扱えるために、このように気軽に時間依存シュレーディンガー方程式も解くことができます。

4.3.6 ┃ トンネル効果

　量子力学で有名な現象といえばトンネル効果です。トンネル効果とは、粒子がもつエネルギーよりも高いポテンシャル障壁があっても粒子が通り抜ける現象のことです。古典力学では、エネルギーがポテンシャルより低い場合には跳ね返されてしまいます。この、トンネル効果をシミュレーションしてみましょう。

　まず、エネルギーとポテンシャル障壁の高さの関係を見るためには、粒子のエネルギーの期待値が必要です。ある時刻 t におけるエネルギーの期待値は

$$E(t) = \int_0^L dx\ \psi(x, t)^* \mathcal{H}\psi(x, t) = \frac{L}{N}\ \psi(t)^\dagger \mathcal{H}\psi(t)$$

で計算できます。先ほどのコードの `plt = plot(xs,abs.(ψs[:,i]).^2,ylims=(0,ψ2max))` の直後に

```
1 │ println("energy = ",ψs[:,i]'*H*ψs[:,i]*dx)
```

を追記することで、エネルギー期待値を計算できます。なお、初期の波束の中心の運動量を `k0=10` で与えていますから、エネルギー期待値は p^2 つまり $k_0^2 = 100$ 程度であることがわかります。ノルムが保存するシミュレーションの場合、このエネルギー期待値がシミュレーション中に変化しないことを確かめてみてください。

　ポテンシャルとしては、中心 x_0、幅 L_V、高さ V_0 の矩形のポテンシャル

$$V(x) = \begin{cases} V_0, & |x - x_0| < L_V/2 \\ 0, & \text{else} \end{cases}$$

を考えてみます。この関数は

```
1 │     function V(x)
2 │         return ifelse(abs(x-x0) < LV/2,V0,0)
3 │     end
```

と簡単に実装できます。そして、全体のコードは

```
1 │ function timedep_simple()
2 │     anim = Animation()
```

```
3     N = 4000
4     L = 40.0
5     xs = range(0,L,length = N)
6     σ = 1
7     k0 = 10
8     ψ0 = zeros(ComplexF64,N)
9     x0 = 5
10    @. ψ0 =  (π*σ^2)^(-1/4)*exp(-(xs-x0)^2/(2σ^2)+im*k0*(xs-x0))
11    dx = (xs[2]-xs[1])/N
12    x0 = L/2
13    V0 = 10
14    LV = 5
15    function V(x)
16        return ifelse(abs(x-x0) < LV/2,V0,0)
17    end
18
19    H = spzeros(Float64,N,N)
20    make_H!(H,N,L,V)
21    Δt = 0.02
22    Nt = 100
23    c = sqrt(norm(ψ0)^2*dx)  #規格化定数
24    ψ = ψ0/c
25    ψ2max = maximum(abs.(ψ).^2)  #波動関数の絶対値の最大値
26
27    println("norm = $(norm(ψ)^2*dx)")
28    @time ψs = timeevolv(ψ,N,Nt,Δt,H)
29
30    for i=1:Nt
31        println("energy = ",ψs[:,i]'*H*ψs[:,i]*dx)
32        plt = plot(xs,abs.(ψs[:,i]).^2,ylims=(0,ψ2max),label =
   "|psi|")
33        plt = vline!([x0 - LV/2,x0+LV/2],label = nothing)
34        println("$i-th: norm = $(norm(ψs[:,i])^2*dx)")
35        frame(anim, plt)
36    end
37    gif(anim, "simple_V0$(V0)LV$(LV).gif", fps = 30)
38 end
```

となります。関数 V(x) は関数 timedep_simple 内で定義されています。このように、Julia では
関数の中で関数が定義できます。中にある関数はこの関数でだけ使われることになります。そして、
V の外側で vx や V0 や LV を定義することで、V 自体は引数一つの関数になっています。このよう
にしておくと、ポテンシャルがパラメータがたくさんある関数だったとしても make_H! を呼び出
すことができます。vline!([x0 - LV/2,x0+LV/2]) は垂直な線をプロットする関数です。こ
こでは、ポテンシャルの長方形領域を示すために直線を2本描きました。

　このコードではポテンシャルの高さが V0 = 10 ですので、ポテンシャル障壁の方がエネルギー
より低いです。その結果、粒子はポテンシャルを通り抜けます。これは古典力学と同じ結果です。
ポテンシャルの高さを V0 = 200 として実行してみてください。この場合はポテンシャルの大き

さの方がはるかに大きいので、粒子は完全に跳ね返されてしまいます。

　次に、V0=105 としてみます。ほんの少しだけ粒子のエネルギーの方が小さいです。この場合どうなるでしょうか？

　この場合は、粒子の波動関数の一部はポテンシャル障壁の中に侵入します。しかし、通り抜けたと言えるほど右側には波動関数がないと思います。次に、幅を狭くしてみます。LV=0.5 にして実行してみてください。粒子が通り抜けていくと思います。さらに、幅を0.5にしたまま V0=120 としてみてください。これは粒子のエネルギーよりもそれなりにポテンシャルが大きいですよね。この場合も粒子は右側に通り抜けます（図4.6参照）。このように、古典力学では通り抜けられないポテンシャルを通り抜ける量子力学的効果をトンネル効果と呼びます。幅の大きさ LV やポテンシャルの高さ V0、初期の運動量 k0 をいろいろ変えてみて、どうなるのかいろいろ調べてみるのも面白いと思います。

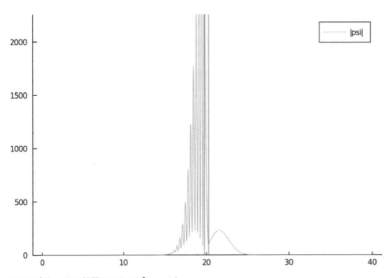

図 4.6 | トンネル効果のスナップショット

5日目

具体例2：
統計力学

乱数を使いこなす

本日 学ぶこと	☞ ヒストグラム表示 ☞ 乱数を用いた少数系の統計力学 ☞ イジング模型のモンテカルロシミュレーション：結 　果の可視化と動画作成

　4日目には微分方程式を様々な方法で解きました。本日は乱数を使ったシミュレーションを行いましょう。乱数といえばモンテカルロ法です。モンテカルロ法といえば統計力学のイジング模型のモンテカルロシミュレーションが有名です。そこで、いくつかの乱数を使ったシミュレーションを実装してみることにします。

　特に、一つの物理系のシミュレーションをしっかりとやってみることを目標とします。統計力学、固体物理学、あるいは場の理論においては、ハミルトニアンやラグランジアンが系の振る舞いを決めるものとして与えられています。そして、そのハミルトニアンなりラグランジアンに従う系の物理量の計算をします。統計力学や固体物理学では実験結果を説明するためにモデルを立てます。そのモデルはハミルトニアンの形で与えられることが多いです。そして、決めたハミルトニアンを使って物理量を計算し、その結果が実験結果と整合するかどうかを見ることで、モデルの妥当性を検証します。ハミルトニアンを手で解いて物理量を解析的な表式で表すことができるのであればシミュレーションは必要ではないかもしれませんが、多くのハミルトニアンは手で解くことができません。そのため、シミュレーションは非常に重要です。

　本日は、磁石の性質（磁性）を調べるために提案されたモデルであるイジング模型をシミュレーションすることで、この模型が相転移を引き起こすことを見てみます。数値計算が理論の数式を計算するという性質上、イジング模型に関する数式がたくさん登場しますが、その部分は適当に読み飛ばしてしまっても構いません。

　ハミルトニアンあるいはラグランジアンを決めてマルコフ連鎖モンテカルロ法を用いて物理量の期待値を計算するというのは、物性理論や格子量子色力学の最先端の研究で用いられています。イジング模型はその一番簡単な模型です。ここで紹介した方法の延長線上に最先端の研究領域がありますので、ぜひ手を動かして体験してみてください。

5.1 手作り統計力学：ヒストグラム表示

　まずはじめに、原子や分子が数個しかない場合の統計力学について考えます。原子と分子はそれぞれ動き回っているわけですが、時々衝突してエネルギーのやりとりをします。このようなエネルギーのやり取りが繰り返された結果、それぞれの粒子はどのようなエネルギーを持っているでしょうか？『大沢流手づくり統計力学』（名古屋大学出版会）では、この問題を、エネルギーをチップ、粒子を人、と置き換えて、サイコロとチップを使って統計力学を「体感」します。一方、この本で扱われている問題は、手を使う代わりにコンピュータシミュレーションをしても面白いです。特に、ルールを平等にしても各人のチップ数の大きな不均衡が現れる様子は、ルールが平等でも貧富の差が現れることを示唆しているようで、興味深いです。

5.1.1 基本ルール

　以下のようなルールのゲームを行うこととします。

1. 6人組グループを S 個作る（$6S$ 人）。それぞれのグループにサイコロ二つとチップ M 枚を渡す。グループ内で1から6までの数字を各人に割り当てる
2. サイコロを一つ振って、出た目の人にチップを分配する。これを繰り返し、グループのチップを全て分配する
3. それぞれが何枚持っているかを記録する。S 個の結果を合算してグラフを描く
4. サイコロを二つ振って、一つめの目の人が二つめの目の人へチップを渡す。ただし、チップが1枚もない場合は、チップを渡さない（借金はしない）
5. 4. を N 回繰り返す
6. それぞれが何枚持っているかを記録する。S 個の結果を合算してグラフを描く

　これは、最初にチップを均等に配り、その後、ランダムにチップをやりとりするゲームです。サイコロを振って受け渡しをする二人を決めているわけですから、ルールは平等です。さて、これを実行すると何が起きるでしょうか？

5.1.2 ルールの実装

　それでは、ルールを Julia で実装していきましょう。まず、状況を整理しましょう。Julia で実行するため、人を用意する必要はありません（当たり前ですが）。その代わり、箱を用意します。上のルールでは6人グループでしたので、6個の箱を用意すればよいですね。実際にやる場合と違い、

6という数字はいくらでも増減させることができますから、ここでは numpeople 個の箱を用意することにします。そして S 組のグループを作る必要があるので、これを numgroups セット用意します。数学では変数は S や M など簡単な一文字の表記にする場合が多いですが、コーディングする場合にはそれにとらわれる必要はありませんので、S を numgroups、チップの枚数 M を numchip とすることにしましょう。

　まずはじめに、2. の部分は関数として

```
1   function make_initial(numpeople,numchip)
2       boxes = zeros(Int64,numpeople)
3       for i=1:numchip
4           targetbox = rand(1:numpeople)
5           boxes[targetbox] += 1
6       end
7       return boxes
8   end
```

を定義しておけばよいです。ここで、rand(1:numpeople) は 1 から numpeople までの整数をランダムに返す関数です。上のルールであればサイコロなので 6 まで出ることになります。上で述べましたように、サイコロを使わず Julia を使う場合には 6 である必要がありませんので、numpeople と一般化しました。やっていることは単純で、チップの枚数回乱数を振って、選ばれた人にチップを分配しています。なお、人が箱を持っていることを想定し、6 人の箱を一組の boxes としています。

　次に、4. の実装です。これは

```
1   function giveandtake(oldboxes)
2       newboxes = copy(oldboxes) #新しい箱を古い箱からコピー
3       numpeople = length(oldboxes)
4       A = rand(1:numpeople) #渡す人を決める
5       B = rand(1:numpeople) #もらう人を決める
6       while B == A #渡す人ともらう人が同じになってしまったらやり直す
7           B = rand(1:numpeople)
8       end
9       if newboxes[A] > 0
10          newboxes[A] -= 1
11          newboxes[B] += 1
12      end
13      return newboxes
14  end
```

としました。渡す人ともらう人を乱数で決め、その二人の箱に入っている数を増減させています。ここで while 文を使っているのは、渡す人ともらう人が同じになってしまったらやり直す、ということを意味しています。while 文がない場合には増減がないことを表すことになります。シミュ

レーション結果が変化するかどうかを調べてみると面白いと思います。

5.1.3 │ 初期分布のヒストグラム

　ルール2.とルール4.が実装できれば、残りは簡単です。あとは、S組のグループでそれぞれ同じことをします。まず、ルール2.を numgroups 組のグループで実行します。そのための2次元配列として totalboxes = zeros(Int64,numgroups,numpeople) を用意します。あとは for 文で numgroups 回 make_initial 関数を呼べば初期化が完了します。totalboxes は全部で numpeople*numgroups 個の箱（上のルールでは $6S$ 人）があります。それぞれに何枚チップが配布されたかという分布を調べてみましょう。分布を調べるには Plots の histogram を使います。そこで、

```
 1  using Plots
 2  function test2()
 3      numpeople = 6
 4      numballs = 30
 5      numgroups = 100
 6      totalpeople = numpeople*numgroups
 7      totalboxes = zeros(Int64,numgroups,numpeople)
 8      for i=1:numgroups
 9          totalboxes[i,:] = make_initial(numpeople,numballs)
10      end
11      histogram(totalboxes[:],nbins = -0.5:1:numballs,label =
    "initial",ylims=(0,totalpeople*0.3))
12      savefig("hist.png")
13  end
14  test2()
```

というコードを用意して実行します。ここで、1日目に紹介した機能を用いて、2次元配列 totalboxes を totalboxes[:] のように1次元配列として扱っています。histogram はヒストグラムをプロットする Plots ライブラリの関数です。nbins はヒストグラムのバーの刻み（通常ビンと呼びます）をどのように設定するかです。nbins=10 のようにビンの数を指定することもできますし、上のコードのように nbins = -0.5:1:numballs とすることで、「-0.5 から幅1のビンで numballs まで」と指定できます。そのほかの label や ylims は plot 関数と同じように使えます。

　出力した結果は次ページの図5.1のようになります。全部で30枚のチップをランダムに6人に分配するわけですから、一番多いのは5枚持っている人になります。これは予想通りだと思います。

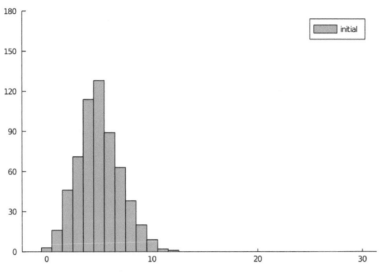

図 5.1 | 初期分配時のチップの分布

5.1.4 | ゲーム後のヒストグラム

次に、ゲームを実行後どのような分布になっているかを見てみましょう。

チップのやりとりの関数は上で定義していますから、これを呼び出すだけです。コードは

```
 1  function test3()
 2      numpeople = 6
 3      numballs = 30
 4      numgroups = 100
 5      totalpeople = numpeople*numgroups
 6      totalboxes = zeros(Int64,numgroups,numpeople)
 7      for i=1:numgroups
 8          totalboxes[i,:] = make_initial(numpeople,numballs)
 9      end
10
11      numtotal = 300
12      for itrj = 1:numtotal
13          for i=1:numgroups
14              totalboxes[i,:] = giveandtake(totalboxes[i,:])
15          end
16      end
17      histogram(totalboxes[:],nbins = -0.5:1:numballs,label =
        "$numtotal",ylims=(0,totalpeople*0.3))
18      savefig("hist_300.png")
19
20  end
21  test3()
```

となります。numtotal がやりとりの回数です。ここでは 300 回やりとりを行い、そのときのチッ

プ数の分布をヒストグラムでプロットしています。結果は下の図 5.2 のようになります。このヒストグラムが意味しているのは、「チップが 0 枚の人が 90 人以上、チップが 1 枚の人が 70 人以上いる中で、チップを 20 枚以上持っている人が少数いる」ということです。つまり、「大多数の貧乏（持っているチップが少ない）な人と、少数の大金持ち（持っているチップが多い）」という状況です。ルールはサイコロで平等に決めたはずなのに、出てきた結果はチップの枚数の意味で不平等になりました。これはなぜでしょうか？

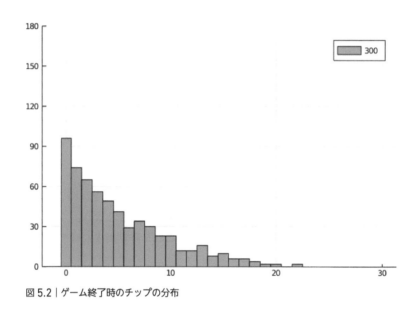

図 5.2 | ゲーム終了時のチップの分布

　300 回に至るまでのチップの分布の変化の様子をみたい場合にはアニメーションにするとわかりやすいです。アニメーションの作り方は 3.6.2 節で既に習っていました。今回の場合には、

```
1  function test3()
2      numpeople = 6
3      numballs = 30
4      numgroups = 100
5      totalpeople = numpeople*numgroups
6      totalboxes = zeros(Int64,numgroups,numpeople)
7      for i=1:numgroups
8          totalboxes[i,:] = make_initial(numpeople,numballs)
9      end
10
11     numtotal = 300
12     anim = Animation()
13     for itrj = 1:numtotal
14         println("$itrj-th")
15         for i=1:numgroups
16             totalboxes[i,:] = giveandtake(totalboxes[i,:])
```

```
17              end
18              plt = histogram(totalboxes[:],nbins = -0.5:1:numballs,label
        = "$itrj",ylims=(0,totalpeople*0.3))
19              frame(anim, plt)
20          end
21          gif(anim, "histplot.gif", fps = 30)
22          histogram(totalboxes[:],nbins = -0.5:1:numballs,label =
        "$numtotal",ylims=(0,totalpeople*0.3))
23          savefig("hist_300.png")
24
25      end
26      test3()
```

とすればよいです。実行すると GIF ファイルが出力されますので、そちらを眺めてみてください。

5.1.5 | ゲーム中の各人のチップ枚数

　300 回目をみると貧富の差が大きいことがわかりました。ここで気になるのは、「一回大金持ちになった人がずっと大金持ち」なのかどうかです。つまり、できた差がそのままになっているのか、それともそうではないのか、というところですね。これを見たい場合には、時系列で枚数をプロットしてみればよさそうです。

　そこで、プロットして確かめてみましょう。numgroups は今回は 1 にします。つまり、1 グループだけを見て何が起きるか見てみるのです。そのコードは

```
 1      function test4()
 2          numpeople = 6
 3          numballs = 30
 4          numgroups = 1
 5          numtotal = 600
 6          timedepboxes = zeros(Int64,numtotal,numpeople) #時系列データを格納
        する配列
 7
 8          timedepboxes[1,:] = make_initial(numpeople,numballs) #初期分配
 9          for itrj = 2:numtotal
10              timedepboxes[itrj,:] = giveandtake(timedepboxes[itrj-1,:])
11          end
12          for i=1:numpeople
13              plot!(timedepboxes[:,i],label="$i")
14          end
15          savefig("history.png")
16      end
17      test4()
```

となります。実行して得られた図は次ページの図 5.3 です。

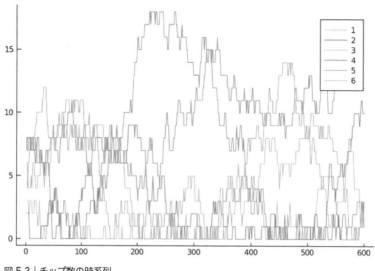

図5.3 | チップ数の時系列

　この図5.3の横軸はやりとりの回数です。最初は6人全員がだいたい5枚くらい持っていますが、200回あたりから4番の人が15枚以上持っています。一方、1番や3番の人は数枚しかありません。差が出ています。しかし、400回あたりでは先ほどまでたくさん持っていた4番の人は0枚にまで落ち込んでおり、逆に3番の人が増えています。numtotal を増やすと今後どうなるのかをさらに見ることができますが、わかることは、「お金持ちになってもすぐに貧乏に戻る」ということです。このゲームの中では、ほとんどの時間を0枚や1枚で過ごし、たまに大金持ちになる、ということが生じています。

5.1.6 | ボルツマン分布と等重率

　上でシミュレーションしたゲームは統計力学と関係しています。チップをエネルギー、人を原子や分子とすれば、エネルギーのやりとりをしている粒子の集団の運動とみなすことができます。特に、ゲーム後の分布はいわゆる「ボルツマン分布」$\exp(-E/k_BT)$ になっています。$\exp(-E/k_BT)$ の k_B はボルツマン定数と呼ばれる定数でして、E は粒子のエネルギー、T は温度です。この分布は統計力学でカノニカル分布を考えたときに出てくる分布でして、粒子の集団がより大きな「熱浴」に接しているときに現れる分布です。今回の問題では、人一人に着目すると、エネルギーをやりとりしている他の人はたくさんいるので「熱浴」とみなすことができ、その結果ボルツマン分布が現れます。ヒストグラムを見ると指数関数的に減少していることがわかりますから、指数関数でフィッティングするとこのゲームの「温度」が求まります。より詳しく知りたい方は『大沢流手づくり統計学』を参照してください。

　さて、ここでは「なぜ多数の貧乏な人と少数の大金持ちになるのか」という問題について、詳しく調べていくことにします。

　まず、問題を簡単化しましょう。6人ではなく4人、30枚ではなく4枚のチップにしてみます。

上のコードを変更し、この場合でもちゃんと右肩下がり（指数関数的減少）のヒストグラムになっていることを確認してみてください。人数と枚数を減らしたのには理由があります。ここまで減らすと、「状態」を一つ一つ調べることが可能だからです。ここでの「状態」というのは $(2,1,1,0)$ のようなもので指定できまして、これは、「1番の人が2枚、2番の人が1枚、3番の人が1枚、4番の人が0枚という状況」を指しています。最大でチップは4枚ですから、4人に分配する方法はそんなに多くありません。やりとりが起こると、例えば、1番の人が4番の人にチップを渡したとすると、状態は $(1,1,1,1)$ になります。どのような状態がどのくらい出てくるのかを調べることで、このゲームの振る舞いを明らかにすることにします。

　どのような分配がありえるのか頭で考えてもすぐ書き出すことができますが、どうせなら Julia に計算してもらいましょう。1番の人が N 枚持っているとすると、2番の人は最大で $4-N$ 枚持てます。これを M とすると、3番目の人は最大で $4-N-M$ 枚持てます。for ループで N や M を回して、和が4になる場合を集めてくれば良さそうです。

　コードの例は

```julia
function make_states!(states,allstates,numpeople,numballs,i)
    if i <= length(states)
        for j=0:numballs
            states[i] = j #0枚からnumballs枚まで持てるのでfor文で順番に処理
            make_states!(states,allstates,numpeople-sum(states),numballs,i+1) #トータル枚数を減らして、i番目の人に関する処理を行うためにもう一度同じ関数を呼ぶ
        end
    else
        if sum(states) == numballs
            push!(allstates,copy(states))
        end
    end
end
```

です。このコードは再帰的になっています。つまり、make_states! 関数内で同じ make_states! を呼んでいます。使い方は

```julia
function test5()
    numpeople = 4
    numballs = 4
    states = zeros(Int64,numpeople)
    allstates = []
    make_states!(states,allstates,numpeople,numballs,1)
    println(allstates)
    println("Total number of states: ",length(allstates))
end
test5()
```

のような感じです。まず最後の引数 i を 1 として呼ぶと 1 番目の人のチップの枚数を決めます。
states[i] = j のところですね。ここが states[1] = j となるわけです。次に、i を一つ増
やして同じ関数を呼びます。すると、states[2] = j となり、2 番目の人のチップの枚数が決ま
ります。トータル枚数を numpeople-sum(states) とすることで、残ったチップを分配してい
ます。実行すると、組み合わせが全部出力されるはずです。全部で 35 個出ていれば問題ありません。

　ここで出てきた状態に番号を付けます。状態は全部で 35 個ありますので、1 から 35 としましょう。
ある状態がどの番号かを調べるための関数を

```
1  function find_state_id(states,allstates)
2      id = findfirst(x -> x == states,allstates)
3      return id
4  end
```

とします。findfirst(x -> x == states,allstates) は allstates の中身に states が
あるかを最初から順番に探していき、一番初めに見つけた場所を返す関数です。x -> x ==
states はわかりにくいかもしれませんが、x が allstates の中身でして、「x が states に等
しいときに true を返す」という意味になります。この関数をチップを交換するたびに呼べば、そ
のときの状態が 35 通りの中のどれかわかります。

　次に、4 人 4 枚のゲームをシミュレーションします。グループの数を 100 として、前のコードを
改造してみましょう。といっても、状態の番号を調べてカウントするのが追加されるだけです。

```
1   using Plots
2   using Measures
3   function test6()
4       numpeople = 4
5       numballs = 4
6       states = zeros(Int64,numpeople)
7       allstates = []
8       make_states!(states,allstates,numpeople,numballs,1)
9       numtotalstates = length(allstates)
10      numstates = zeros(Int64,numtotalstates)
11      numgroups = 100
12
13      allstatesname = string.(allstates) #状態のラベルを作成
14      totalpeople = numpeople*numgroups
15
16      totalboxes = zeros(Int64,numgroups,numpeople)
17      for i=1:numgroups
18          totalboxes[i,:] = make_initial(numpeople,numballs)
19          id = find_state_id(totalboxes[i,:],allstates)
20          numstates[id] += 1
21      end
22
```

```
23      plot(numstates,xticks=(1:1:numtotalstates, allstatesname),
     xrotation = 45,xtickfontsize=6,markershape = :circle, margin =
     15mm,label="initial",ylims=(0,maximum(numstates)+1))
24      savefig("allstateinit.png")
25
26      numtotal = 300
27      anim = Animation()
28      for itrj = 1:numtotal
29          println("$itrj-th")
30          for i=1:numgroups
31              totalboxes[i,:] = giveandtake(totalboxes[i,:])
32              id = find_state_id(totalboxes[i,:],allstates)
33              numstates[id] += 1
34          end
35          plt = plot(numstates,xticks=(1:1:numtotalstates,
     allstatesname),xrotation = 45,xtickfontsize=6,markershape = :circle,
     margin = 15mm,label="$itrj-th",ylims=(0,maximum(numstates)+1))
36          frame(anim, plt)
37      end
38      gif(anim, "allstates.gif", fps = 30)
39   end
40   test6()
```

　ゲームの最初の状態は図 5.4 のようになります。グループが 100 組ありますので、その 100 組が
それぞれどの状態になったかというグラフになります。グラフをよくみてみると、4 人が同じくら
いチップを持っている状態が多いことがわかります。これは 4 人にランダムにチップを配布してい
るわけですから、自然かと思います。

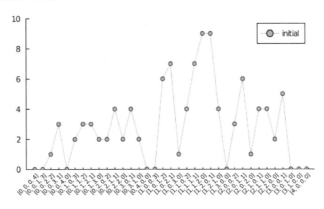

図 5.4 | 4 人 4 枚ゲームの初期状態の例

　コードを実行してアニメーションを見てみましょう。この初期の状態の図がどのように変化して
いくかがわかります。次ページの図 5.5 は 300 回目の状態の図です。これを見ると、どの状態もま
んべんなく現れていることがわかります。アニメーションを見ればよくわかりますが、回数を増や
せば増やすほどグラフは平らになっていきます。これはつまり、「どの状態も同じ確率で実現する」
ことを意味しています。統計力学を習ったことがある方なら気がついたかもしれませんが、これは

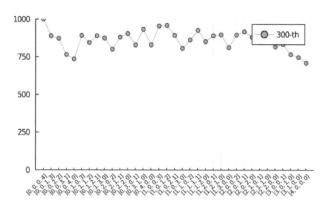

図 5.5 | 4 人 4 枚ゲームを 300 回繰り返したあとの状態

まさに統計力学で現れる「等重率の仮定」が成り立つことを意味しています。

　さて、図 5.4 と図 5.5 の横軸にはそれぞれどのようにチップを持っているかが書かれてあります。一番最初の数字に着目してください。この数字はある人が持っているチップの数です。これを見ると、全部で 35 通りあるうち、チップを 1 枚も持っていない状態が 15 通りあることがわかります。どの状態も均等に現れるとすれば、15/35 の確率でチップを 1 枚も持っていないということです。このように「一番ありふれた状態がチップを持っていない状態」であるために、多くの貧乏人と少数のお金持ちが現れるというわけです。これは 4 人 4 枚だけで成り立つわけではなく、6 人 30 枚でも成り立つはずです。ですので、チップが少ない人がたくさんいるという「ボルツマン分布」が実現されることになります。

5.2　イジング模型のモンテカルロシミュレーション：可視化と動画作成

　Julia では、確率分布関数を直接扱うパッケージがあり、乱数を生成でき 1 次元の問題であればこれでよいのですが、実際物理で扱う乱数は高次元空間内の点であったりします。また、たとえ問題が 1 次元だったとしても、確率分布関数の式自体が正規分布関数でない場合、そのまま直接乱数を発生させることはできません。このような場合には、「マルコフ連鎖モンテカルロ法（Markov chain Monte Carlo method; MCMC 法）」というものを使います。

　マルコフ連鎖モンテカルロ法では、あるルールに従って

$$x_1 \rightarrow x_2 \rightarrow x_3 \rightarrow \cdots$$

のように乱数を次々と生成させます。そして、そのルールをうまく設定することで、自分の扱いたい確率分布にしたがった乱数発生が得られます。なお、マルコフ連鎖のマルコフとは、マルコフ過程のことで、これは、次の値が直前の値にのみ依存する、という過程のことです。つまり、x_3 という乱数は x_2 が何だったかということに影響を受けますが、x_1 が何であったかには影響を受けません。つまり、x_2 から x_3 を作るルールは x_1 の値に依存しません。言い換えると、「直前の値以外は覚えていない」とも言えます。

5.2.1 | イジング模型

まず、ここでシミュレーションする対象であるイジング模型について説明します。イジング模型は磁性について調べる際に使う最も簡単な模型の一つです。物質が磁石になる場合、物質中の電子のスピンが一方向に揃います。イジング模型では、この磁石になる現象（磁性を持つといいます）をシミュレーションするために、電子のスピンが上向きか下向きのどちらかを取るとして作られた模型です。具体的には、系のハミルトニアンを

$$H\sim = -J \sum_{\langle ij \rangle} \sigma_i \sigma_j - h \sum_i \sigma_i$$

とします。ここで、$\langle ij \rangle$ は最近接格子点のみで和を取ることを意味しており、1次元系であれば $j = i+1$ などです。σ_i は i 番目の格子点のスピンを表し、$+1$ か -1 を取ります。第2項は磁場の効果です。$h = 0$、つまり外部から磁場がかかっていないときは、$J > 0$ のとき、絶対零度で一番エネルギーが低くなるのは、全てのスピンがどちらか一方の向きに揃っているときでして、そのときは

$$E_{\min} = -JN$$

となります。ここで、N は格子点の数です。すなわち、絶対零度のとき、イジング模型のスピンは全部揃い、磁性を持ちます（磁石になります）。

有限温度のときにはどうなるでしょうか。統計力学において、有限温度の系の物理量 A の期待値は

$$\langle A \rangle = \frac{1}{Z} \sum_C \left[\exp\left(-\frac{H(C)}{k_B T} \right) A(C) \right]$$

で計算できます。ここで $H(C)$ はあるスピン配位 C でのハミルトニアン、$A(C)$ はそのときの物理量 A の値です。k_B はボルツマン定数、T は温度です。Z は分配関数でして、

$$Z = \sum_C \exp\left(-\frac{H(C)}{k_B T} \right)$$

で定義されています。$\sum_C$ は全ての可能なスピン配位に関する和です。例えば、スピンが2個の系であれば、$C_1 = (1, 1)$, $C_2 = (1, -1)$, $C_3 = (-1, 1)$, $C_4 = (-1, -1)$ の4通りのスピン配位の和を取ります。全ての可能なスピン配位の数 $\mathcal{N}$ は、N 個の格子点を持つ系の場合、各サイトで -1 か 1 の二通りの状態ありますから、

$$\mathcal{N} = 2^N$$

となり、N が増えていくと一気に増大します。一方、ボルツマン因子と呼ばれる $\exp\left(-\frac{H(C)}{k_B T} \right)$ は指数関数ですから、$H(C)$ が最小となる寄与が最も大きく、$H(C)$ が大きなスピン配位は和にほとんど寄与しないことがわかります。つまり、物理量や分配関数の計算における"被積分関数"は高次元空間で局在しています。そこで、重み付きモンテカルロ法が有効な手段になってくるわけです。しかし、この確率分布 $\exp\left(-\frac{H(C)}{k_B T} \right)/Z$ は正規分布ではありませんので、素朴には乱数をサンプリングすることができそうにありません。このような場合には、自分で設定した確率分布に従って乱

数を生成できるマルコフ連鎖モンテカルロ法が有力な方法です。

　イジング模型のマルコフ連鎖モンテカルロ法の場合、あるスピン配位 C_1 が与えられた際に、何らかの方法でその配位を変更し C_2 を得ます。これを繰り返すと

$$C_1 \rightarrow C_2 \rightarrow C_3 \rightarrow \cdots$$

のように次々に異なるスピン配位が得られます。それぞれのスピン配位ごとに物理量 $A(C_i)$ を計算し、それらを足しあげることで、物理量 A の期待値を計算することができます。

5.2.2 │ 2次元イジング模型のマルコフ連鎖モンテカルロ法

　さて、マルコフ連鎖モンテカルロ法についての理論的背景については他の教科書で参照してもらうことにして、ここでは具体的に2次元イジング模型のマルコフ連鎖モンテカルロ法のコードを書いてみましょう。まず、模型としては、$L_x \times L_y$ の正方格子の2次元イジング模型を考えます。これは、x 方向に L_x 個、y 方向に L_y 個の格子点があり、その格子点の上に $\sigma_i = \pm 1$ の古典スピンが乗っている模型です。格子点の総数は $N = L_x L_y$ 個です。そして、x, y の両方向に関して周期境界条件を考えます。つまり、L_x 番目の格子点の隣は1番目の格子点となっています。さて、ある格子点のインデックスを $i = (i_x, i_y)$ としますと、その格子点と相互作用する最近接格子点は

$$d_1 = (i_x + 1, i_y), d_2 = (i_x - 1, i_y), d_3 = (i_x, i_y + 1), d_4 = (i_x, i_y - 1)$$

の4点となります。このとき、イジング模型のハミルトニアンは

$$H(C) = -\frac{J}{2} \sum_i^{L_x L_y} \sum_{l=1}^{4} \sigma_i \sigma_{i+d_l} - h \sum_i \sigma_i$$

となります。ここで、$\sigma_i \sigma_j = (\sigma_i \sigma_j + \sigma_j \sigma_i)/2$ という変形をして整理したために先頭に1/2がついています。これはさらに、$S_i \equiv \sum_{l=1}^{4} \sigma_{i+d_l}$ を用いれば、

$$H(C) = -\frac{J}{2} \sum_i^{L_x L_y} \sigma_i S_i - h \sum_i \sigma_i$$

と書くことができます。つまり、ある格子点 i の隣接格子点におけるスピンの和 S_i がそれぞれ計算できれば、全エネルギー $H(C)$ が計算できることになります。

　2次元イジング模型をマルコフ連鎖モンテカルロ法でシミュレーションをする、ということの意味は、あるスピンの配位 C が実現する確率が

$$P(C) = \frac{\exp\left(-\frac{H(C)}{k_B T}\right)}{Z}$$

$$Z = \sum_C \exp\left(-\frac{H(C)}{k_B T}\right)$$

となるようなマルコフ連鎖モンテカルロ法を行う、という意味です。イジング模型では磁性を持つかどうかが重要ですので、磁化の $M(C) = \sum_i \sigma_i / N$ の絶対値の期待値

$$\langle |M| \rangle = \sum_C P(C) |M(C)|$$

を計算します。この磁化は温度依存性がありまして、ある温度以下でスピンが全部 1 方向に揃った場合、磁化の絶対値の期待値は 1 となります。

マルコフ連鎖モンテカルロ法を行う場合、スピン配位を次々に変化させる必要があります。その方法として、メトロポリス法と熱浴法があります。

メトロポリス法の場合、あるスピン配位 C があったとき、確率 $1/N$ で格子点 i を選んでその上のスピン σ_i をフリップ（$\sigma_i \to -\sigma_i$）させた配位 C' の遷移確率を考えます。この配位の採択率は

$$A(C \to C') = \min\left(1, \frac{P(C')}{P(C)}\right)$$

となりますが、これは

$$A(C \to C') = \min\left(1, \exp\left(-\frac{\Delta E(C, i)}{k_{\mathrm{B}}T}\right)\right)$$

と書けます。ここで、スピン配位同士のエネルギー差を $\Delta E(C) \equiv H(C') - H(C)$ と定義しました。このエネルギー差は 2 次元イジング模型では

$$\Delta E(C, i) = 2J\sigma_i S_i + 2h\sigma_i$$

と書けます。メトロポリス法では、$\Delta E < 0$、つまりスピンをフリップしたことによってエネルギーが下がった場合には、確率 1 で採択され、そうでない場合には、確率 $\exp(-\Delta E/k_{\mathrm{B}}T)$ で採択されることになります。

熱浴法の場合は、遷移確率は条件つき確率で計算されます。ランダムに格子点が選ばれる場合の条件つき確率を考えてみましょう。ランダムに選んだ格子点 i でのスピンを σ_i、それ以外の格子点でのスピンをまとめて $\sigma(C_{k, i/})$ とします。このとき、スピン配位 C_k は $C_k = (\sigma_i, \sigma(C_{k, i/}))$ と書くことができます。格子点 i 以外のスピンの配位が $\sigma(C_{k, i/})$ のとき、格子点 i でスピン σ_i が選ばれる条件つき確率を $P(\sigma_i | \sigma(C_{k, i/}))$ とすれば、スピン配位 $C_k = (\sigma_i, \sigma(C_{k, i/}))$ から $C'_k = (+1, \sigma(C_{k, i/}))$ に遷移する確率は、

$$T_{C_k \to C'_k} = P(+1 | \sigma(C_{k, i/}))$$

となります。ここで、条件つき確率は

$$P(+1 | \sigma(C_{k, i/})) = \frac{P((+1, \sigma(C_{k, i/}))}{P(\sigma(C_{k, i/}))}$$

と書けます。ここで、$P(\sigma(C_{k, i/})$ はスピン配位 $\sigma(C_{k, i/})$ が実現する確率で、それは格子点 i 以外の

配位 $\sigma(C_{k,i/})$ が格子点 i のスピンの向きは何でもよい状態が実現する確率ですから、

$$P(\sigma(C_{k,i/})) = \sum_{\sigma_i = \pm 1} P((\sigma_i, \sigma(C_{k,i/})))$$

となります。以上から、

$$P(+1 \mid \sigma(C_{k,i/})) = \frac{P((+1, \sigma(C_{k,i/})))}{P((+1, \sigma(C_{k,i/}))) + P((-1, \sigma(C_{k,i/})))}$$

$$= \frac{1}{1 + P((-1, \sigma(C_{k,i/})))/P((+1, \sigma(C_{k,i/})))}$$

となります。そして、

$$P((-1, \sigma(C_{k,i/})))/P((+1, \sigma(C_{k,i/}))) = \exp\left(-\frac{\Delta E(C, i; +1 \rightarrow -1)}{k_B T}\right)$$

となります。ここで、$\Delta E(C, i; +1 \rightarrow -1)$ は格子点 i のスピンが $+1$ から -1 となったときのエネルギー差で、

$$\Delta E(C, i; +1 \rightarrow -1) = 2J S_i + 2h = \Delta E(C, i)\sigma_i$$

と書くことができます。この式を用いて遷移確率 T の表式を整理することで、熱浴法における格子点 i のスピンが $+1$ になる確率は

$$T_{C_k \rightarrow C_k} = \frac{1}{1 + \exp\left(-\frac{\Delta E(C, i; +1 \rightarrow -1)}{k_B T}\right)}$$

となります。つまり、一様乱数を振って、この値以下であればスピンを $+1$ に、そうでなければ -1 にすれば熱浴法によるマルコフ連鎖モンテカルロ法が遂行できます。

5.2.3 ｜マルコフ連鎖モンテカルロシミュレーションの流れ

上に述べた理論によって、イジング模型のシミュレーションをするためのパーツは全て揃いました。Julia でこのシミュレーションを実行するために、シミュレーションの流れについてまとめておきます。

0. 目的：ある温度 T における物理量の期待値を計算する。ここでは磁化の $M(C) = \sum_i \sigma_i/N$ の絶対値の期待値 $\langle |M| \rangle$ を計算する。また、エネルギーの期待値も計算しておく
1. 初期化：$L_x \times L_y$ の格子点を用意し、適当にスピンの向きを決める。これを初期配位 C_0 とする
2. 配位 C_k において、一つの格子点 i を適当に選ぶ
3. メトロポリス法か熱浴法を用いて、格子点 i のスピンを変更する。結果的に変わらない場合もある。この配位を C_{k+1} とする
4. 2. と 3. を N_{thermal} 回繰り返す。これによって、スピン配位の初期配位依存性を消すことができ

る（熱化と呼ぶ）

5. 2. と 3. を N_{MC} 回繰り返す。適当な間隔（N_{M} 回に 1 回）で $|M(C_k)|$ と $E(C_k)$ を計算し、期待値を求める

このようにシミュレーションの流れを書いておきますと、全体のコードがいくつかのパーツに分けられることがわかります。1. はシミュレーションの準備をするパーツで、一度しか呼ばれません。次に、2. と 3. が計算のメインとなるパーツで、スピン配位を更新する部分です。メトロポリス法か熱浴法のどちらかを使いますので、切り替えられるようになっていると便利でしょう。4. はモンテカルロ法で重要な「熱化」のプロセスです。マルコフ連鎖モンテカルロ法では、十分にマルコフ連鎖を繰り返していくとある確率分布が現れます。逆に言えば、シミュレーションを開始した当初はまだこの確率分布になっておらず、初期配位に依存してしまっています。そのため、初期配位に依存している部分で期待値を計算してしまうと、期待値に初期配位依存性が出てしまいます。これを避けるために、N_{thermal} ステップ動かして初期配位の影響を消します。5. は測定をするためにマルコフ連鎖を進めるパーツです。スピン配位 C_k が与えられたときに磁化 $M(C_k)$ を計算するパーツを作ればよいことがわかります。

5.2.4 | 2次元イジング模型のコーディング

上でも述べたように、シミュレーションのコードは細かく分割してそれぞれのパーツを作っていく方がよいです。そこで、一番簡単に作れるものから先に作ってしまいましょう。簡単なのは、1. の初期化と 5. の測定です。なぜならば、この部分はマルコフ連鎖モンテカルロ法をどのように行うかに関係がなくスピン配位だけで決まるからです。

まず、初期のスピン配位を乱数で決める関数を

```
1  function initialize_spins(Lx,Ly)
2      return rand([-1,1],Lx,Ly)
3  end
```

としましょう。rand([-1,1],Lx,Ly) は 2 次元配列の要素を +1 か −1 にランダムに入れた配列を作る関数です。

次に、磁化の測定を

```
1  function measure_Mz(Ck)
2      return sum(Ck)
3  end
```

とします。全ての格子点でのスピンを足し上げた定義通りの関数ですね。全エネルギーも数式に忠実に

```
1   function measure_energy(Ck,J,h,Lx,Ly)
2       energy = 0
3       for iy=1:Ly
4           for ix=1:Lx
5               Si = calc_Si(ix,iy,Lx,Ly,Ck)
6               σi = Ck[ix,iy]
7               energy += -(J/2)*σi*Si - h*σi
8           end
9       end
10      return energy
11  end
```

と計算しましょう。ここで calc_Si は S_i を計算する関数で、

```
1   function calc_Si(ix,iy,Lx,Ly,Ck)
2       jx = ix + 1
3       if jx > Lx
4           jx -= Lx
5       end
6       jy = iy
7       Si = Ck[jx,jy]
8
9       jx = ix - 1
10      if jx < 1
11          jx += Lx
12      end
13      jy = iy
14      Si += Ck[jx,jy]
15
16      jy = iy + 1
17      if jy > Ly
18          jy -= Ly
19      end
20      jx = ix
21      Si += Ck[jx,jy]
22
23      jy = iy - 1
24      if jy < 1
25          jy += Ly
26      end
27      jx = ix
28      Si += Ck[jx,jy]
29      return Si
30  end
```

としました。

　次に、スピンを更新するパートの関数を作りましょう。更新方法はメトロポリス法と熱浴法の2

種類を考えることになりますが、どちらにせよエネルギー差 ΔE の計算が必要です。そこで、

```
1  function calc_ΔE(Ck,ix,iy,J,h,Lx,Ly)
2      Si = calc_Si(ix,iy,Lx,Ly,Ck)
3      return 2J*Ck[ix,iy]*Si +2h*Ck[ix,iy]
4  end
```

のように関数を定義しておきます。スピンの更新方法としてメトロポリス法を

```
1  function metropolis(σi,ΔE,T)
2      is_accepted =  ifelse(rand() <= exp(-ΔE/T),true,false)
3      σ_new = ifelse(is_accepted,-σi,σi)
4      return σ_new,is_accepted
5  end
```

と定義します。ある一様乱数を振って、その値が exp(-ΔE/T) より小さい場合にはスピンをフリップする、という関数ですね。熱浴法は

```
1  function heatbath(σi,ΔE,T)
2      α = ΔE*σi
3      σ_new  =  ifelse(rand() <= 1/(1+exp(-α/T)),+1,-1)
4      is_accepted = ifelse(σ_new == σi,false,true)
5      return σ_new,is_accepted
6  end
```

となりまして、ある一様乱数を振って、その値が 1/(1+exp(-α/T)) より小さい場合には上向きスピンになり、そうでない場合には下向きスピンになる、という関数です。どちらの関数も、スピンが変化したかどうかを is_accepted という変数に入れています。

　これらの関数とエネルギー差 ΔE を計算する関数を組み合わせることで、

```
1   function local_metropolis_update(Ck,ix,iy,T,J,h,Lx,Ly)
2       ΔE = calc_ΔE(Ck,ix,iy,J,h,Lx,Ly)
3       σi = Ck[ix,iy]
4       return metropolis(σi,ΔE,T)
5   end
6   function local_heatbath_update(Ck,ix,iy,T,J,h,Lx,Ly)
7       ΔE = calc_ΔE(Ck,ix,iy,J,h,Lx,Ly)
8       σi = Ck[ix,iy]
9       return heatbath(σi,ΔE,T)
10  end
```

となり、ある格子点 $i = (i_x, i_y)$ のスピンのアップデートに関するパーツができました。なお、コー

ドでは $k_B=1$ としました。

　あとはパーツを組み合わせるだけです。熱化の回数（測定しない区間）を num_thermal、測定のインターバルを measure_interval、残りのモンテカルロステップ数を num_MC とすれば、

```julia
 1  using Random
 2  function montecarlo(num_thermal,num_MC,measure_interval,T,J,h,Lx,Ly)
 3      Random.seed!(123) #乱数シードを固定。毎回同じ乱数が発生する
 4      num_total = num_thermal+num_MC #トータルのモンテカルロステップ数
 5      accept_count = 0 #アクセプトされた数をカウントする変数
 6      absmz_meanvalue = 0 #磁化の絶対値の期待値
 7      measure_count = 0 #測定の回数をカウントする変数
 8      mz_data = [] #磁化のヒストグラムの計算用
 9      update(Ck,ix,iy) = local_metropolis_update(Ck,ix,iy,T,J,h,Lx,Ly)
    #メトロポリス法を使用
10
11      Ck = initialize_spins(Lx,Ly) #初期スピン配位を生成
12
13      for trj = 1:num_total
14          for isweep = 1:Lx*Ly #Lx*Ly回を一つのtrjの単位とする
15              ix = rand(1:Lx) #格子点のx座標をランダムに選ぶ
16              iy = rand(1:Ly) #格子点のy座標をランダムに選ぶ
17              Ck[ix,iy],is_accepted = update(Ck,ix,iy) #スピンのアップ
    デート
18              accept_count += ifelse(is_accepted,1,0) #アクセプトされた
    らカウントする
19          end
20
21          if trj > num_thermal #熱化が終わったら測定をする
22              if trj % measure_interval == 0 #measure_interval回に1回測
    定する
23                  measure_count += 1 #測定数のカウント
24                  mz = measure_Mz(Ck)/(Lx*Ly) #磁化の平均値
25                  absmz_meanvalue += abs(mz) #磁化の平均値の絶対値の期待値
    の計算
26                  push!(mz_data,mz)  #磁化の平均値をヒストグラムで出す用
27              end
28          end
29      end
30      return mz_data,accept_count/(num_total*Lx*Ly),absmz_meanvalue/
    measure_count
31  end
```

が本体の関数です。この関数を実行すれば、2次元イジング模型のマルコフ連鎖モンテカルロ法を実行できます。ここで、isweep という変数でループを行っていますが、これはアップデートすべき格子点数が $L_x L_y$ に比例するために、必要な num_total が $L_x L_y$ に依存しないようにするための処置です。このようにループをつけておけば、格子点数が増えたときにこのループが長くなること

によって、`num_total` を格子点数に合わせて増やす必要がなくなります。これは sweep と呼ばれており、固体物理で使われる多くのマルコフ連鎖モンテカルロ法で採用されています。

このコードを実行するには、

```
 1  function test()
 2      Lx = 100
 3      Ly = 100
 4      J = 1
 5      h = 0
 6      num_thermal = 200
 7      num_MC =10000-num_thermal
 8      measure_interval = 10
 9
10      T = 1
11      @time mz_data,acceptance_ratio,absmz = montecarlo(num_thermal,-
        num_MC, measure_interval,T,J,h,Lx,Ly)
12      println("average acceptance ratio ",acceptance_ratio)
13      histogram(mz_data,bin=-1:0.01:1)
14      savefig("mz_data_$T.png")
15      return
16  end
17  test()
```

とすればよいです。ここでは $L_x \times L_y = 100 \times 100$ の格子点のイジング模型のモンテカルロ法を実行しました。温度は $T=1, J=1, h=0$ としています。計算を実行すると磁化のヒストグラムが下の図5.6のように得られます。

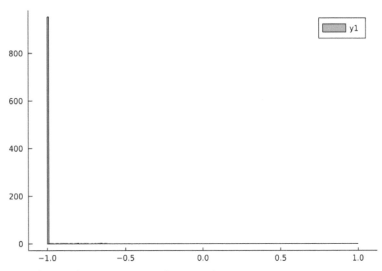

図 5.6 | イジング模型の強磁性相の磁化のヒストグラム

　図5.6を見ると、$M_z = -1$ ばかりが出ていることがわかります。これはスピンが下向きに揃った状態が多く現れているということです。本来、スピンが上向きに揃った状態と下向きに揃った状態のエネルギーは同じですから、上向きに揃った状態の数が少ないのは不思議かもしれません。これは、一度全部下向きに揃ってしまうと、スピンがフリップされる確率が非常に小さくなるために、ずっとフリップされない状態が続くからです。確率は低くても有限ですから、シミュレーション時間を十分に長く取れば、上向きスピンが揃う状態も現れるはずです。これは時間がかかります。次の配位候補を作る方法として、一つの格子点のスピンフリップで作る他に、全スピンをフリップさせて作ることも考えると、状況は緩和されます。

　例えば、`montecarlo` の `trj` に関するループの中に

```
1  if trj > num_thermal && rand() < 0.01
2      @. Ck *= -1
3      continue
4  end
```

という `if` 文を入れてみてください。そして、num_thermal = 5000、num_MC =20000-num_thermal のように設定して実行してみてください。これは1パーセントの確率で全スピンをフリップさせていますが、$h=0$ であれば全スピンフリップはエネルギー変化がありませんので必ず受け入れられるという遷移です。

　コードができましたので、相転移の様子を見るために磁化の温度依存性を計算してみたいと思います。その前に、コードを少し高速化したいと思います。イジング模型では凄まじい回数ループが回っていますので、ほんの少しの工夫が全体の計算速度を改善します。例えば、`for isweep` のループですが、ここでは乱数を振って `ix` と `iy` を決めています。その代わりに、

```
1  for ix=1:Lx
2      for iy=1:Ly
3          Ck[ix,iy],is_accepted = update(Ck,ix,iy) #スピンのアップデート
4          accept_count += ifelse(is_accepted,1,0) #アクセプトされたらカウ
   ントする
5      end
6  end
```

のように、格子点を順番に更新するように変えることも可能です。`montecarlo` という関数をコピーし、`montecarlo_fast` という関数を作っておきます。コードでこの新しい関数を呼ぶように変更して計算時間を調べてみましょう。計算時間を調べるには `@time` マクロを使います。上に書いたコードにはすでに含まれていると思います。コードを変更することで計算時間が短縮されることがわかると思います。

　磁化の温度依存性を調べるのには、縦軸を磁化の絶対値、横軸を温度 T としたグラフを描けばよいですね。これは温度 T を変化させて何度も `montecarlo_fast` を呼ぶことで計算できます。

したがって、以下のように計算できます。その結果が図5.7です。

```
1  function test_tdep()
2      Lx = 100
3      Ly = 100
4      J = 1
5      h = 0
6      num_thermal = 5000
7      num_MC =50000-num_thermal
8      measure_interval = 10
9      mz_Tdep = []
10
11     nT = 20
12     Ts = range(0.5,4.0,length= nT)
13     for T in Ts
14         @time mz_data,acceptance_ratio,absmz = montecarlo_fast(num_
   thermal,num_MC,measure_interval,T,J,h,Lx,Ly)
15         push!(mz_Tdep,absmz)
16         println("$T $absmz")
17         histogram(mz_data,bin=-1:0.01:1) #それぞれの温度での磁化のヒスト
   グラムのプロット
18         savefig("mz_data_$(T).png")
19     end
20     plot(Ts,mz_Tdep)
21     savefig("mz_tdep.png")
22     return
23  end
```

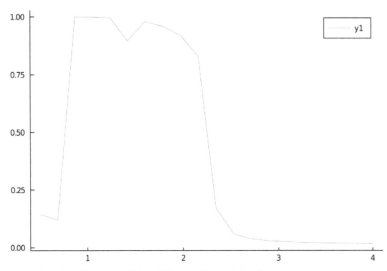

図 5.7 | イジング模型の強磁性相の磁化の絶対値の温度依存性

実は、２次元イジング模型の熱力学極限（サイズ無限大極限）での相転移温度は厳密な値が知られておりまして、

$$T_c = \frac{2}{\log(1 + \sqrt{2})} \sim 2.269$$

という値です。上のグラフでの磁化の急激な変化を示す温度がこの温度に近いということを確認してください。シミュレーションは有限サイズですが、いい感じになっていると思います。

図5.7で、少し気になる点があると思います。それは、一番低い温度 $T = 0.5$ などで急激に値が落ち込んでいることです。これは何が起きているのでしょうか？　それを知るために、シミュレーションを動画として可視化することにします。

5.2.5 | 2次元イジング模型のモンテカルロシミュレーションの可視化

Julia でのシミュレーションの可視化は簡単でして、すでに球を衝突させて円周率を計算するコードで紹介しています。以前は Animation() と frame を使って動画を作成しましたが、ここではマクロ @animate を使って動画を作成してみましょう。コードは以下のようになります。

```
 1  function montecarlo_fast(filename,num_thermal,num_MC,measure_
    interval,T,J,h,Lx,Ly)
 2      ENV["GKSwstype"] = "nul" #このコマンドで毎回毎回ディスプレイに描画する
    ことを防ぐ
 3      Random.seed!(123) #乱数シードを固定。毎回同じ乱数が発生する
 4      num_total = num_thermal+num_MC #トータルのモンテカルロステップ数
 5      accept_count = 0 #アクセプトされた数をカウントする変数
 6      absmz_meanvalue = 0 #磁化の絶対値の期待値
 7      measure_count = 0 #測定の回数をカウントする変数
 8      mz_data = [] #磁化のヒストグラムの計算用
 9      update(Ck,ix,iy) = local_metropolis_update(Ck,ix,iy,T,J,h,Lx,Ly)
    #メトロポリス法を使用
10
11      Ck = initialize_spins(Lx,Ly) #初期スピン配位を生成
12
13      ising = @animate for trj = 1:num_total #@animateをつけると動画を作
    成できる
14          for ix=1:Lx
15              for iy=1:Ly
16                  Ck[ix,iy],is_accepted = update(Ck,ix,iy) #スピンのアッ
    プデート
17                  accept_count += ifelse(is_accepted,1,0) #アクセプトさ
    れたらカウントする
18              end
19          end
20          if trj > num_thermal #熱化が終わったら測定をする
21              if trj % measure_interval == 0 #measure_interval回に1回測
    定する
```

```
22              measure_count += 1 #測定数のカウント
23              mz = measure_Mz(Ck)/(Lx*Ly) #磁化の平均値
24              absmz_meanvalue += abs(mz) #磁化の平均値の絶対値の期待値
         の計算
25              push!(mz_data,mz)   #磁化の平均値をヒストグラムで出す用
26          end
27        end
28      heatmap(1:Lx, 1:Ly, Ck,aspect_ratio=:equal) #毎回毎回heatmap
         プロットをする
29    end every 100 #100回に1回記録する
30
31    gif(ising, "./"*filename, fps = 15)
32    return mz_data,accept_count/(num_total*Lx*Ly),absmz_meanvalue/
      measure_count
33  end
```

これまでの montecarlo_fast コードと比べると、動画を作成するために追記したのは4点だけです。ENV["GKSwstype"] = "nul"、ising = @animate、heatmap(1:Lx, 1:Ly, Ck, aspect_ratio=:equal)、gif(ising, "./"*filename, fps = 15) の4点です。

1点目の ENV["GKSwstype"] = "nul" はおまじないだと思ってください。なくても動きますが遅くなります。これを入れることでプロットするたびにウィンドウを立ち上げようとすることを抑制することができます。

2点目の ising = @animate の @animate は Julia の「マクロ」です。マクロについてはこの本ではほとんど説明していませんでしたが、コード自体を目的に応じて変更する機能です。物理関係の数値計算をする上で自作のマクロを書くことはほとんどないでしょうから、"使うと便利な機能"程度に思っておけば大丈夫です。この @animate を for 文の先頭につけることで、for 文の中のプロットを動画として作成することができます。

3点目の heatmap(1:Lx, 1:Ly, Ck,aspect_ratio=:equal) はプロットする関数ですね。heatmap は x と y で指定された点の値を色として表示する関数です。イジング模型であればスピンは +1 と −1 しか取りませんので、色は2色になります。

4点目の gif(ising, "./"*filename, fps = 15) は前にも登場しました GIF アニメを作成する関数です。fps は1秒間あたり何枚フレームを描画するかを示すもので、ここでは、1秒間に15枚絵が切り替わります。

この関数を使って、好きな温度で動画を作ってみてください。例えば、磁化の温度依存性で変になっていた $T = 0.5$ の動画などは面白いです。そのスナップショットをお見せしますと、次ページの図5.8のようになります。これを見ると、上向きスピンばかりになっている島のような領域と下向きスピンばかりになっている海のような領域があることがわかります。動画にするとその海岸線が動いていきます。今設定した計算時間ではどちらかの領域が勝つことがないため、磁化の平均値が二つの領域の面積の差となり、小さな磁化になっていたようです。もちろん、一度どちらかが勝てばそのままになりますから、十分に計算時間が長ければ、磁化の値の絶対値は1になるでしょう。どのような島ができるかは乱数やサイズによって変わりますから、サイズを少し変更したり乱数の

シードを変更してみると動画の様子が変化します。

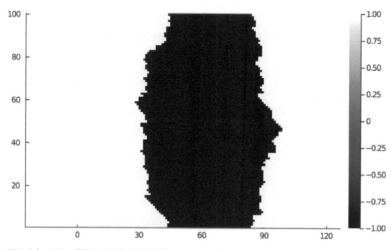

図5.8｜イジング模型の低温での振る舞いのスナップショット

上記は全てメトロポリス法を用いましたが、熱浴法によるアップデートの関数も上で定義してありますから、熱浴法で実行することも可能です。メトロポリス法と熱浴法を切り替えられるような形でコードを作成し、熱浴法でのモンテカルロシミュレーションを実行してみてください。

最後に、比熱の温度依存性を見ることで相転移現象をプロットしてみましょう。磁化が温度を下げるにつれてゼロから有限に立ち上がるのも立派な相転移現象ですが、ここでは実験でよく測られる比熱という測定量をシミュレーションで計算することで、強磁性相転移を可視化してみます。

統計力学によると、比熱とエネルギーのゆらぎの間には関係がありまして、

$$C = \frac{\langle E^2 \rangle - (\langle E \rangle)^2}{P(\sigma(C_{k,i}))}$$

と書くことができます。つまり、コードではエネルギーの2乗の期待値とエネルギーの期待値を計算し、最後に比熱を計算すればよい、ということです。つまり、

```
1  absmz_meanvalue = 0 #磁化の絶対値の期待値
2  E2_meanvalue = 0.0 #エネルギーの二乗の期待値
3  E_meanvalue = 0.0 #エネルギーの期待値
```

のようにモンテカルロシミュレーションの最初に期待値用の変数を定義しておき、

```
1  push!(mz_data,mz) #磁化の平均値をヒストグラムで出す用
2  E = measure_energy(Ck,J,h,Lx,Ly)
```

```
3   E2_meanvalue += E^2
4   E_meanvalue += E
```

のように測定の部分で和を計算しておき、モンテカルロ法が終わった後に、

```
1   Cv = (E2_meanvalue/measure_count - (E_meanvalue/measure_count)^2)/
        T^6
```

とすれば比熱が計算できます。磁化のときと同じように、温度依存性をプロットするコードを書いてみてください。系のサイズは $L_x = L_y = 100$ だと島ができてしまったので、$L_x = L_y = 96$ と少しだけ小さくしてみましょう。得られた結果を図に示すと、下の図 5.9 のようになります。理論上のシステムサイズ無限大における転移温度〜2.269 に近い温度で比熱が発散していることがわかります。実際の実験においても、強磁性転移によって比熱は発散しますから、イジング模型は強磁性を調べるための模型として最小模型（ミニマルモデル）となっていることがわかります。

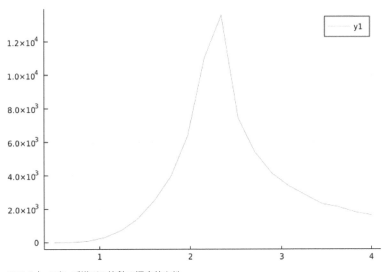

図 5.9 | イジング模型の比熱の温度依存性

6日目

具体例3：
固体物理学

自己無撞着計算と固有値問題

本日 学ぶこと	☞ 対角化と高速フーリエ変換 ☞ 結果の可視化：等高線の表示と矢印の描画等 ☞ 二分法の実装

　6日目の今日は具体例その3となります。例としては、固体物理学の問題を扱います。固体物理学について知らなくても、設定された問題をどう解くのか、という点だけを見れば実装できると思います。前提知識は、学部1, 2年生レベルの数学（線形代数やフーリエ変換など）です。これらさえわかっていれば、理解できると思います。物理で登場する問題はたいていの場合、線形代数を駆使して解くことが多いです。特に、シュレーディンガー方程式は固有値問題ですから、固有値問題を解くということが重要になってきます。また、複雑な非線形な関数からなる方程式を満たす解を求める場合も、相転移点直上など物理的に重要な特徴的なパラメータ領域から摂動的に取り扱うことで、線形な問題に帰着させることができる場合があります。本日登場する様々な問題とそのコードを見て、自分の問題をJuliaでコーディングする助けにしてください。

6.1 強束縛模型：対角化とフーリエ変換

　ここでは、簡単な強束縛模型を用いた固体の物性について調べてみましょう。その前に、固体物理学についてあまり馴染みのない方のために、ざっと紹介したいと思います。ただし、ここは読まなくてもJuliaのコーディングを学ぶ上では問題ありませんので、固体物理学と強束縛模型の二つの速習編は読み飛ばして、6.1.3節から読んでもらっても構いません。読み飛ばした場合には、4日目の量子力学と似たような式を扱っている、とだけ覚えておいてください。

6.1.1 │ **固体物理学速習編**

　日常にあるあらゆる物質は原子と電子からできています。原子と電子の振る舞いがわかれば、物質の振る舞いがわかることになります。特に、固体の場合には原子は規則正しく並んでいますが、そのような場合には電子の振る舞いが固体の性質の多くを決めることになります。そして、電子の振る舞いは量子力学によって記述されることがわかっています。つまり、量子力学の方程式であるシュレーディンガー方程式を解くことさえできれば、物質の性質がわかります。

　原子が電子よりゆっくり動くので原子は電子から見て止まっていると近似すると（ボルン - オッペンハイマー近似と呼びます）、電子が N 個あるときのシュレーディンガー方程式は

$$\mathcal{H}\psi(r_1, \cdots, r_N) = E\psi(r_1, \cdots, r_N)$$

$$\mathcal{H} = \sum_i^N \left(-\frac{1}{2m}\nabla_i^2 + V_{\text{ion}}(r_i) \right) + \frac{1}{2}\sum_{i \neq k} \frac{e^2}{|r_i - r_k|}$$

という形で書くことができます。ここで原子核からのポテンシャル $V_{\text{ion}}(r)$ は $V_{\text{ion}}(r) \equiv -\sum_I Z_I e^2/|r-R_I|$ です。この方程式は N 個の座標変数 r_i の関数である波動関数 ψ の固有値問題となっています。この固有値問題が解ければ、固体の電子状態が明らかになります。しかしながら、固体中の電子の数はアボガドロ数個（$\sim 10^{23}$）のオーダーですから、どう頑張ってもこの固有値問題を現在の計算機で解くことはできません（未来はわかりませんが、本質的なハードウェアのブレークスルーが数回あったとしても難しいでしょう）。つまり、方程式がわかっていたとしても、解けなければ机上の空論になってしまいます。

　このように、もし固体中の電子や原子核を真面目に量子力学的に扱おうとすると、N 体のシュレーディンガー方程式を解かなければならなくなってしまい、これでは、物質ごとの固有の性質を見ることが難しいです。この問題の一つの有力な解決方法は、密度汎関数理論によるアプローチです。この本は数値計算の本ですので詳細は述べませんが、かいつまんで説明したいと思います。

　上のシュレーディンガー方程式は固有値問題ですから、ある最小のエネルギー固有値を持つ固有状態 $\psi_0(r_1, \cdots, r_N)$ というものが存在するはずです。物理では、このような最小のエネルギーを持つ固有状態を基底状態と呼びます。この関数 $\psi_0(r_1, \cdots, r_N)$ は N 個の 3 次元座標の関数ですから、見つけることは容易ではありません。ピエール・ホーヘンベルク（1934–2017）とウォルター・コーン（1923–2016）は、この問題をうまく書き換える方法を見出しました。上のシュレーディンガー方程式を解けば $\psi_0(r_1, \cdots, r_N)$ が求まり、これを用いれば基底状態のエネルギー E_0 や電子密度 $\rho(r)$ が求まります。ホーヘンベルクとコーンは、電子密度 $\rho(r)$ がわかっているとき、「$\psi_0(r_1, \cdots, r_N)$ を計算しなくても」基底状態のエネルギー E_0 が計算できることを示しました。つまり、エネルギー E_0 は電子密度 $\rho(r)$ の汎関数 $E_0[\rho]$ であるという主張です。もう少し詳しく言うと、ある系の基底状態の電子密度 $\rho(r)$ が決まると、それを基底状態にもつ外部ポテンシャルがもし存在すれば、それはただ 1 通りに定まることを示しました（ホーヘンベルク - コーンの定理）。

　これはどのような意味かと言いますと、電子密度 $\rho(r)$ さえわかれば、その電子密度の汎関数で書かれた外部ポテンシャルが構築できて、その外部ポテンシャルが含まれたシュレーディンガー方程式を解くことで基底状態の情報が得られる、ということです。ここで、電子密度は N 個の 3 次

元座標の関数ではなく、1個の3次元座標で書かれていることに注目してください。汎関数というのはパラメータが関数であるような関数だと思ってください。ここでは、電子密度 $\rho(r)$ は位置座標 r の関数ですが、外部ポテンシャル v は電子密度の関数形 $\rho(r)$ が変化すると変化するもの（汎関数）$v(\rho)$ です。この定理が登場したのは1964年です。波動関数という N 個の3次元座標の関数を考えなくても3個の座標で書ける電子密度さえ考えていれば物質の性質がわかるという点で、この定理は興味深いものです。

さらに、1965年には、コーンとシャム・リュージュー（沈呂九、1938–）がこの定理に基づいた計算手法を提案し、応用が可能となりました。その際に解くべき方程式はコーン‐シャム方程式と呼ばれ、

$$\mathcal{H}^{KS} \phi_n(r) = E_n \phi_n(r)$$

$$\mathcal{H}^{KS} = -\frac{1}{2m}\nabla^2 + v_{\mathrm{eff}}(r)$$

$$v_{\mathrm{eff}}(r) \equiv V_{\mathrm{ion}}(r) + \int dr'\, \frac{\rho(r')}{|r-r'|} + v_{\mathrm{XC}}(\rho(r))$$

と書かれます。ここで元々の固有値 E と E_n の関係は $E = \sum_{i,E_1 < E_2 < \cdots < E_n}^{N} E_n$ です。上で述べた N 体のシュレーディンガー方程式との大きな違いは、波動関数は $\psi(r_1, \cdots, r_N)$ と N 個の3次元座標の関数だったわけですが、コーン‐シャム方程式に現れる「コーン‐シャム軌道」$\phi_n(r)$ は1個の3次元座標の関数になっている、という点です。つまり、電子が1つのときのシュレーディンガー方程式（4日目に解きました）と同じ形をしています。実際、$v_{\mathrm{eff}}(r)$ は4日目に登場したポテンシャル $V(r)$ と同じく r の関数ですから、計算機で解けそうです。一方で、普通のシュレーディンガー方程式と大きな違いもあります。$v_{\mathrm{eff}}(r)$ には交換相関項 $v_{\mathrm{XC}}(\rho(r))$ という項があります。この項は電子密度 $\rho(r)$ の汎関数となっています。もし交換相関項の厳密な表式がわかっていれば、コーン‐シャム方程式によって得られるエネルギーは元の N 体のシュレーディンガー方程式を解いて得られたエネルギーに厳密に一致します。言い換えれば、N 個の電子の相関効果は全てこの項に押し込まれている、と言えます。交換相関項の厳密な表式は得られておらず、実際の計算では何らかの近似を施して計算することになります。

その他、普通のシュレーディンガー方程式との違いは、この方程式は一回では解けない非線形な方程式であるということです。電子密度はコーン‐シャム軌道を用いて $\rho(r) = \sum_{n=1}^{N} |\phi_n(r)|^2$ と定義されています。ある電子密度 $\rho(r)$ を仮定するとある有効ポテンシャル $v_{\mathrm{eff}}(r)$ の形状が求まり、有効ポテンシャルが決まればコーン‐シャム方程式を解くことができ、固有ベクトルである $\phi_n(r)$ が求まります。このコーン‐シャム軌道から電子密度を計算することができます。計算した電子密度は一般的には仮定した電子密度とは異なっています。アウトプットとして出てきた電子密度とインプットとして入れた電子密度が等しくなるように、電子密度を決めることが必要です。これを、自己無撞着計算と呼びます。

密度汎関数理論は多大な成功を収め、密度汎関数理論に基づいた計算手法は「第一原理計算」と

呼ばれ、物性物理学において欠かすことのできない手法となりました。なお、密度汎関数理論に多大な貢献をしたコーンは 1998 年にノーベル化学賞を受賞しています。

　なお、上で出てきたコーン - シャム方程式はあくまで元の N 体のシュレーディンガー方程式のエネルギーと密度を再現するような「参照系」を記述する方程式ですから、固有値 E_n と固有関数 $\phi_n(r)$ はいかなる物理的意味も持ちません。しかし、実際にはコーン - シャム方程式を解いて出てきた固有値を「バンド図」としてプロットして角度分解光電子分光実験の結果と比較することがよくあります。この比較のある程度の正当化はヤナックの定理というものを用いれば可能ですが、ここでは深く立ち入りません。

6.1.2 | 強束縛模型速習編

　コーン - シャム方程式を固体中で解くことを考えます。固体中では原子が規則正しく並んでいますから、その規則的に並んでいる間隔を a とすると、ポテンシャルは $v_{\mathrm{eff}}(r) = v_{\mathrm{eff}}(r+a)$ となります。これは、a だけ並進させる演算子 $T(a)$ を考えると、$T(a)v_{\mathrm{eff}}(r) = v_{\mathrm{eff}}(r+a)$ を意味しています。そして、ハミルトニアン $\mathcal{H}^{\mathrm{KS}}$ と空間並進演算子 $T(a)$ は可換です。量子力学を学んだ方なら馴染みがあるかもしれませんが、可換な二つの演算子があった場合、それらは同時対角化できます。言い換えれば、$T(a)$ の固有値で $\mathcal{H}^{\mathrm{KS}}$ の固有関数をラベルできます。このラベルを k とすると、コーン - シャム方程式の固有関数は

$$\phi_n^k(r) = e^{ik\cdot r}u_n^k(r), \ \ u_n^k(r+a) = u_n^k(r)$$

という形に書けます。この形の波動関数をブロッホ波動関数と呼びます。あとは、周期関数である $u_n^k(r)$ を適当な基底で展開して固有値問題を解けば、コーン - シャム方程式を解くことができます。

　強束縛模型は、コーン - シャム方程式を解いて得られる固有値を再現するように作られた模型としてよく使われます。

　状況としては、第一原理計算ソフトウェアによって、コーン - シャム方程式の固有値 ϵ_n^k が求まっているとします。そして、このときの n は N_{DFT} 種類が求まっているとします。一つ一つの n は k の関数なので「バンド」と呼ばれており、N_{DFT} 本のバンドがある、と表現します。このエネルギー固有値の波数依存性であるバンドを求める計算を行うため、密度汎関数による第一原理計算は「バンド計算」とも呼ばれます。

　さて、強束縛模型とは、コーン - シャム方程式の固有値 ϵ_n^k のうち M（$<N_{\mathrm{DFT}}$）本のバンドを再現するような模型です。強束縛模型の「強束縛」とは、空間的に強く局在し原子に束縛された、という意味でして、原子に束縛された基底関数を用いるために強束縛模型と呼ばれます。扱いたい物理現象のエネルギースケールのみに注意しながら M の小さな強束縛模型を作ることができれば、以後の様々な計算は密度汎関数理論を用いずに遂行することができます。例えば、電極の存在する系の電気伝導や熱伝導などの量は第一原理計算から計算することは非常に大変ですが、強束縛模型を用いることで実験と比較できる計算が可能となります。

　さて、コーン - シャム方程式の固有関数 $\phi_n^k(r)$ を用いて、

$$w_{nR}(r) = \frac{V}{(2\pi)^3} \int_{BZ} dk \left[\sum_m U_{mn}^{(k)} \phi_m^k(r) \right] e^{-ik \cdot R}$$

という関数 $w_{nR}(r)$ を考えます。この関数は $r = R$ に局在した関数だとします。ここで、$U_{mn}^{(k)}$ はパラメータでして、関数 $w_{nR}(r)$ がなるべく空間的に局在するようにこのパラメータを決めることにします。このような関数 $w_{nR}(r)$ は最局在ワニエ軌道と呼ばれます。さらに、この局在した関数 $w_{nR}(r)$ の線形結合として

$$\phi_n^{k,W}(r) = \sum_R e^{ik \cdot R} w_{nR}(r)$$

という関数を考えます。この関数は $w_{nR}(r)$ を代入して整理すると

$$\phi_n^{k,W}(r) = \sum_m U_{mn}^{(k)} \phi_m^k(r)$$

となります。密度汎関数理論による第一原理計算で固有値が N_{DFT} 個求まっている場合に、強束縛模型で使うバンドの本数 M が $M = N_{\mathrm{DFT}}$ となるときは、この変換はユニタリー変換になります。線形代数で学んだように、エルミート行列はユニタリー変換で固有値が不変になりますから、$\phi_n^{k,W}(r)$ は基底を選び直したにすぎません。計算コストを減らすために強束縛模型を使いたい場合は、通常 $M < N_{\mathrm{DFT}}$ です。このときは、元々の固有値の数と強束縛模型の固有値の数が異なります。このとき、あるバンドの固有値の波数依存性ももちろん変わってきます。

　$M < N_{\mathrm{DFT}}$ のとき、コーン - シャム方程式の固有関数 $\phi_n^k(r)$ が $\phi_n^{k,W}(r)$ の線型結合：

$$\phi_n^k(r) = \sum_m c_m^{n,k} \phi_m^{k,W}(r)$$

で書けると仮定してしまいましょう。$M = N_{\mathrm{DFT}}$ ならば、この式は基底の変換になり、成立します。$M < N_{\mathrm{DFT}}$ のときは、$\phi_m^{k,W}(r)$ の種類が少ないために $\phi_n^k(r)$ をこの線型結合で表すことができるとは限らず、この式は近似になります。言い換えれば、$\phi_m^{k,W}(r)$ が張る空間に $\phi_n^k(r)$ を射影していることになります。コーン - シャム方程式に上式を代入し両辺に左から $\phi_l^{k,W}(r)$ を掛けて r で積分して整理しますと

$$\int dk \sum_m \phi_l^{k,W}(r) \mathcal{H}^{\mathrm{KS}} c_m^{n,k} \phi_m^{k,W}(r) = \epsilon_n^{k,\mathrm{TB}} \sum_m c_m^{l,k} \phi_l^{k,W}(r) \phi_m^{k,W}(r)$$

$$\sum_m H_{lm}^{\mathrm{TB}}(k) c_m^{n,k} = \epsilon_n^{k,\mathrm{TB}} c_l^{n,k}$$

という形になります。ここまでくると、$M \times M$ の行列の固有値問題となっていることがよくわかると思います。あとは、$U_{mn}^{(k)}$ をうまく調整してこの問題の固有値 $\epsilon_n^{k,\mathrm{TB}}$ で可能な限り元のコーン - シャム方程式の固有値 ϵ_n^{bmk} を再現することができれば、少ない M で系を特徴付けられたことになります。

6.1.3 | 強束縛模型のハミルトニアンを解く：波数空間の問題と二分法

　長々と理論を述べてきましたが、結局は、強束縛模型のハミルトニアンを表す行列 H_{lm}^{TB} の固有値と固有ベクトルを求める、というものが解くべき問題です。

　一番シンプルな強束縛模型のハミルトニアンは $M=1$ とした1バンド模型で、例えば、

$$(\epsilon_k - \mu)\, c_k = E_n^k c_k$$

と書けます。ϵ_k はバンド分散です。

　1バンド模型だと行列 ϵ_k のサイズは 1×1 となりますから、固有値は自明に $E_n^k = \epsilon_k - \mu$ ですね。ここで、μ は化学ポテンシャル、と呼ばれています。化学ポテンシャルは1粒子を系に付け加える必要なエネルギーです。系の全エネルギーはコーン - シャム方程式の固有値を用いて

$$E = \int dk \sum_n E_n^k$$

と書けます。基底状態のエネルギーは一番小さいエネルギーのことをいいますが、これは、コーン - シャム方程式の固有値を低い順から粒子数分だけ足し上げたものになります。これは統計力学でのカノニカル分布の考え方です。一方で、電子を扱う場合にはグランドカノニカル分布の方が取り扱いが易しいです。その場合は、ある化学ポテンシャルを与えたとき、一番小さなエネルギーが基底状態のエネルギーになります。この場合には $(\epsilon_k - \mu) < 0$ となるような全ての固有値を足し上げれば、基底状態になります。足し上げた固有値の数が粒子数となります。もし粒子数がある値の系を考えたいのであれば、自分が欲しい粒子数の値になるように化学ポテンシャルの値を調整することになります。

　それでは、欲しい粒子数を与える化学ポテンシャルを計算するコードを書いてみましょう。一番簡単なバンド分散として、1次元の cos バンド模型 $\epsilon_k = -2\cos(k_x a)$ を考えます。a は原子間距離です。1次元ですので、エネルギーは

$$E = \frac{1}{2\pi} \int_{-\pi/a}^{\pi/a} dk_x (\epsilon_k - \mu)\Theta(-\epsilon_k + \mu)$$

となります。ここで $\Theta(x)$ はヘビサイドの階段関数で、$x < 0$ のとき 0、そうでないときには 1 となる関数です。基底状態のエネルギーは $(\epsilon_k - \mu) < 0$ となる固有値を全て足すため、この階段関数をフィルターとしてつけました。このフィルターがあるために積分を解析的に実行することができません。そこで、波数空間の積分を

$$\frac{1}{2\pi} \int_{-\pi/a}^{\pi/a} dk_x f(k_x) = \frac{1}{M} \sum_{i=1}^{M} f(k_{x_i})$$

と M 点の和に置き換えます。波数空間は周期的になっているために、この近似は台形公式による積分の近似になっています。ここで、$k_{x_i} = (2\pi/a)(i-1)/(M-1) - \pi/a$ です。このエネルギーの計算を関数にしてみましょう。

```
1   function calc_energy(M,μ,ε)
2       E = 0
3       ks = range(-π,π,length=M)
4       filling = 0
5       for kx in ks
6           εkx = ε(kx) -μ
7           if (εkx < 0)
8               E += εkx
9               filling += 1
10          end
11      end
12      return E/M,filling/M
13  end
```

この関数を実行すると、エネルギーとフィリングが求まります。フィリングというのは電子がどのくらいいるかを示すもので、

$$n = \frac{1}{2\pi} \int_{-\pi/a}^{\pi/a} dk_x \Theta(-\epsilon_k + \mu)$$

で定義されます。もし $\Theta(-\epsilon_k + \mu)$ が常に負ならば、$n=1$ です。つまり、フィリングという量は、ありうる全ての電子のエネルギー準位のうち何パーセントが占有されているか、を意味しており、電子数の期待値のことです。波数空間の刻み幅 M を変化させてプロットするコードを書いてみると、

```
1   function test2()
2       μ = 0
3       Ms = [10,50,100,500,1000,5000,10000]
4       Es = []
5       ε(kx) = -2*cos(kx)
6       for M in Ms
7           @time E,filling = calc_energy(M,μ,ε)
8           println("$M $E $filling")
9           push!(Es,E)
10      end
11      plot(Ms,Es,xscale=:log10)
12      savefig("TB_edep.png")
13  end
14  test2()
```

となります。M が増えていくとエネルギーの値がある値に収束していくのがわかると思います。

　次に、フィリングの化学ポテンシャル μ 依存性を調べてみましょう。実際の固体では電子数が定まっており、原子の価電子数とエネルギー分散に依存して化学ポテンシャルが決まっています。

グランドカノニカル分布では化学ポテンシャルを決めると粒子数の期待値が決まります。そこで、実際の固体中の電子数に対応する化学ポテンシャルの値を探す必要があります。

化学ポテンシャル依存性を調べるには、

```
1   function test3()
2       ε(kx) = -2*cos(kx)
3       M = 1000
4       μs = range(-3,3,length=100)
5       fillings = []
6       for μ in μs
7           E,filling = calc_energy(M,μ,ε)
8           push!(fillings,filling)
9       end
10      plot(μs,fillings,label = "filling")
11      savefig("TB_mudep.png")
12  end
13  test3()
```

のようにすればよいでしょう。このコードを実行してみると、下の図 6.1 のようなグラフが得られます。このグラフは縦軸がフィリング横軸が化学ポテンシャルです。化学ポテンシャルが増えていくとその分基底状態に参加する電子の数が増えていきますから、単調増加の関数になっています。

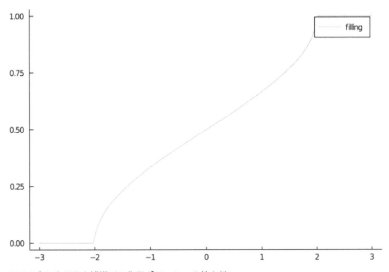

図 6.1 | 1 次元強束縛模型の化学ポテンシャル依存性

さて、指定したフィリングになる化学ポテンシャルの値を求めることにしましょう。これはフィリング一定の直線とグラフの交点を求める問題となりますが、このような場合には二分法という有力なアルゴリズムを使うことができます。二分法とは、単調増加する関数 $f(x)$ が点 a と b において $f(a) < 0$、$f(b) > 0$ を満たすとき、$f(x_0) = 0$ となるような x_0 を求めるアルゴリズムです。コードは以

下の通りです。

```julia
function bisection_method(xmin,xmax,f,eps;itamax = 20)
    fmin = f(xmin)
    fmax = f(xmax)
    @assert fmin*fmax < 0 "f(xmin)*f(xmax) should be less than 0!"
    for i = 1:itamax
        xmid = (xmin + xmax)/2
        fmid = f(xmid)
        if abs(fmid) < eps
            return xmid,fmid
        end
        if fmid < 0
            xmin = xmid
        else
            xmax = xmid
        end
        println("$i $xmid $fmid")
    end
end
```

Julia の利点の一つに、コードが非常にわかりやすいという点があります。アルゴリズムの説明には擬コード（特定のプログラミング言語の文法を用いずにアルゴリズムの流れを説明したコード）というものがよく使われますが、Julia の場合、上のコード自体が擬コードのように簡単です。なお、@assert というのは assert マクロと呼ばれるものでして、@assert 条件式　エラーメッセージという形で使い、書かれた条件式が false のときにエラーで止まってくれるものです。そのときのエラーメッセージも書いておくことができます。上のコードを用いて

```julia
function test4()
    filling = 0.25
    M = 1000
    ε(kx) = -2*cos(kx)
    f(μ) = calc_energy(M,μ,ε)[2] -filling
    eps = 1e-10
    μ_ans,err = bisection_method(-3,3,f,eps)
    println("μ = $μ_ans, $(calc_energy(M,μ_ans,ε)[2])")
end
test4()
```

を実行すれば、フィリングが 1/4 のときの化学ポテンシャルの値を出すことができます。

　波数空間での強束縛模型は固体物性の研究で様々に使われます。例えば、トポロジカル絶縁体と呼ばれる電子物性がトポロジーで特徴付けられる物質群においては、強束縛模型のハミルトニアンの固有関数に関するトポロジカル不変量が計算されています。そのほか、外場との線形応答を考えることで電流やスピン流などの量の計算も可能です。

6.1.4 | 強束縛模型のハミルトニアンを解く：実空間の問題とフーリエ変換

　1バンド模型だと ϵ_k が決まった瞬間に固有値と固有ベクトルが求まってしまっていますので、行列の対角化という意味では大変な数値計算は必要ありません。

　どのようなときに1バンド模型という単純な模型でも数値計算が必要かというと、非一様な系を考える場合です。例えば、今考えている系に不純物が入った場合に何が起きるかを見たいとします。その不純物は、規則正しく並んでいる原子のうち一つを別の原子に置き換えたものだとします。このとき、本当に真面目に計算するのであれば、置き換えた原子の効果を密度汎関数理論による第一原理計算を行えばいいでしょう。しかし、どんな不純物が入っているかや、どの位置に入っているかがわからない場合もあります。このようなときには、不純物なしで作った強束縛模型に不純物としてポテンシャルを導入し、その強度や形状を変化させて振る舞いの変化を見る、ということが行われます。

　強束縛模型に不純物ポテンシャルを入れて計算して得られる結果は、走査型トンネル顕微鏡（STM）測定によって実際に実験で測ることができます。実験と強束縛模型による結果を比較することで、理論の模型の妥当性を実験から決めることさえできます。この節では、STM測定で測ることのできる量を実際に数値計算してみることにします。

　さて、不純物ポテンシャルを導入するためには、運動量空間で定義されたハミルトニアンを逆フーリエ変換して実空間表示にする必要があります。このときの逆フーリエ変換は

$$c_k = \sum_{i=1}^{N} e^{ik \cdot R_i} c_{R_i}$$

となります。ここで R_i は i 番目の原子の座標、N は原子の総数とします。強束縛模型では導出の際に原子に局在した基底を使っていますから、実空間はその基底の位置である原子位置 R_i が使われることになります。

　例えば、一番簡単なバンド分散として、先ほども扱った1次元の $\cos$ バンド模型 $\epsilon_k = -2\cos(k_x a)$ を考えます。a は原子間距離です。これを波数空間の式に代入し、両辺に左から $e^{-ik_x R_j}$ を掛けて k_x で積分しますと、

$$\int dk_x \sum_{i=1}^{L_x} \left(-2 \frac{e^{ik_x(R_i + a - R_j)}}{2} - 2 \frac{e^{ik_x(R_i - a - R_j)}}{2} - \mu e^{ik_x(R_i - R_j)} \right) c_{R_i} = E_n c_{R_j}$$

$$-\sum_{l=1}^{2} c_{R_j + a_l} - \mu c_{R_j} = E_n c_{R_j}$$

となりまして、$N \times N$ の行列の固有値問題です。ここで、$a_1 = a, a_2 = -a$ です。また、$i=1$番目と $i=N$番目のサイトは繋がっているとして、周期境界条件を考えます。このハミルトニアンに座標 R_0 にある不純物ポテンシャル $V(R) = V_0 \delta_{RR_0}$ を足すと、

$$-\sum_{l=1}^{2} c_{R_j + a_l} + (V_0 \delta_{R_j R_0} - \mu) c_{R_j} = E_n c_{R_j}$$

となります。

　これをコーディングしてみましょう。ハミルトニアンは行列として書けますので、

```
1   function make_H(N,μ,V)
2       H = zeros(Float64,N,N)
3       for i=1:N
4           j = i+ 1
5           j += ifelse(j > N,-N,0)
6           H[i,j] = -1
7
8           j = i -1
9           j += ifelse(j < 1,N,0)
10          H[i,j] = -1
11
12          j = i
13          H[i,j] = - μ + V(i)
14      end
15      return H
16  end
```

のように書けます。このコード、見覚えがありませんか？　実は、4日目に扱った1次元シュレーディンガー方程式とほとんど同じ形をしています。その理由は、$k_x = 0$ 周りでバンド分散をテーラー展開すると

$$-2\cos(k_x a) - \mu \sim (k_x a)^2 - 2 - \mu$$

となるからです。$k_x = -i\hbar d/dx$ だということを思い返せば、k_x^2 の項は2階微分 d^2/dx^2 になり、1次元シュレーディンガー方程式と同じ形の微分方程式になります。つまり、固体中でも化学ポテンシャルの値によってはほとんど自由電子のような振る舞いをする場合がある、ということです。化学ポテンシャルが小さい場合は、上で述べましたように電子の数が少ない場合です。実際に、価電子の少ないアルカリ金属（Li、Na、K）などは電子数が少なく自由電子的な性質を持ちます。

　次に、2次元の系を考えてみましょう。2次元の場合も1次元のときと同じような cos の形のエネルギー分散を考えます。つまり、$\epsilon_k = -2\cos(k_x a) - 2\cos(k_y a)$ です。これを逆フーリエ変換して実空間の模型にしますと

$$-\sum_{l=1}^{4} c_{R_j + a_l} - \mu c_{R_j} = E_n c_{R_j}$$

となります。ここで、$a_1 = (a, 0)$, $a_2 = (-a, 0)$, $a_3 = (0, a)$, $a_4 = (0, -a)$ としました。この模型は固体物性で非常によく使われている2次元ハバード模型という模型から相互作用の項を抜いた形をしています。2次元ハバード模型は銅酸化物高温超伝導体の物性を研究する上でよく使われる重要な模型です。私たちが普段考える空間は3次元ですが、銅酸化物高温超伝導体は積層構造をしているために z 方向への電子伝導性が悪く、2次元系と考えても振る舞いをよく説明することができます。

同様に、物質によっては1次元系とみなせるものもあります。

　それでは、この2次元系に不純物ポテンシャルを足して、振る舞いを見てみましょう。座標 R_0 にある不純物ポテンシャルの項を足しますと

$$-\sum_{l=1}^{4} c_{R_j+a_l} + (V(R)-\mu)c_{R_j} = E_n c_{R_j}$$

となりますが、これをコードにします。ハミルトニアンを作成する関数は1次元のときとほとんど同じように書けまして、

```julia
function make_H(Lx,Ly,μ,V)
    N = Lx*Ly
    H = zeros(Float64,N,N)
    ds = [(1,0),(-1,0),(0,1),(0,-1)]
    for ix=1:Lx
        for iy=1:Ly
            i = (iy-1)*Lx + ix
            for d in ds
                jx = ix + d[1]
                jx += ifelse(jx > Lx,-Lx,0)
                jx += ifelse(jx < 1,Lx,0)

                jy = iy + d[2]
                jy += ifelse(jy > Ly,-Ly,0)
                jy += ifelse(jy < 1,Ly,0)

                j = (jy-1)*Lx + jx
                H[i,j] += -1
            end
            H[i,i] += - μ + V(ix,iy)
        end
    end
    return H
end
```

となります。ds = [(1,0),(-1,0),(0,1),(0,-1)] は数式で a_l に対応するものです。

　次に、実験で観測できる物理量を計算してみましょう。ここで考えますのは、走査型トンネル顕微鏡（STM）で測定されるトンネル電流の微分 dI/dV です。STM は原子レベルの針を試料に近づけ、試料と針の間に発生するトンネル電流を測定します。針を動かしてそれぞれの場所でトンネル電流測定することで、原子レベルの解像度を持つ画像が得られます。そして、トンネル電流の微分 dI/dV は試料の電子の局所状態密度に比例していることが知られています。電子の局所状態密度とは、ある場所 R においてあるエネルギー E を持つ電子がどのくらいいるか、という量です。絶対零度における定義は、

$$\rho(E, R) = \sum_i^N \mid \psi_i(R) \mid^2 \delta(E - E_i)$$

です。i はハミルトニアンの固有値のインデックス、$\psi_i(R)$ は固有値 E_i に関する固有ベクトルの R での値です。デルタ関数 $\delta(E - E_i)$ は数値計算的には難しいので、これをローレンツ関数 $\delta(x) \sim (1/\pi)\eta/(x^2 + \eta^2)$ に近似すると、

$$\rho(E, \eta, R) = \sum_i^N \mid \psi_i(R) \mid^2 \frac{\eta}{(E - E_i)^2 + \eta^2} \frac{1}{\pi}$$

となります。η はスメアリングパラメータと呼ばれる量です。実際の実験では針の状態や有限温度効果などで測定されるエネルギーにボケ（スメアリング）があると予想されますから、この量が実験の精度のコントロールを近似的に表していることになります。

　これをコードにしますと（$1/\pi$ を抜いて定義しています）、

```
1  function calc_ldos(E,i,ene,ψ,η)
2      ldos = 0.0
3      for n=1:length(ene)
4          ldos += abs(ψ[i,n])^2*η/((E-ene[n])^2 + η^2)
5      end
6      return ldos
7  end
```

となります。ハミルトニアンを示す行列の固有値と固有ベクトルさえ求まれば簡単に求まる量ですね。

　それでは、実験で観測できる量である局所状態密度を計算してみましょう。パーツはすでに揃っていますので、あとは組み合わせるだけです。コードは

```
1   using Plots
2   function ldos_plot()
3       Lx = 91
4       Ly = 91
5       μ = -0.2 #化学ポテンシャル
6       V0 = 1 #不純物の強さ
7       ix1 = 22 #不純物のx座標
8       iy1 = 38 #不純物のy座標
9       function V(ix,iy)
10          v = ifelse(ix == ix1 && iy == iy1,V0,0)
11          return v
12      end
13      H = make_H(Lx,Ly,μ,V)
14      @time ene,ψ = eigen(H)
15      ldos = zeros(Float64,Lx,Ly)
16      η = 0.01 #スメアリングパラメータ
```

```
17        E = 0 #ゼロエネルギーLDOSを計算
18        for ix=1:Lx
19            for iy=1:Ly
20                i = (iy-1)*Lx + ix
21                ldos[ix,iy] = calc_ldos(E,i,ene,ψ,η)  #各場所でのLDOSの計算
22            end
23        end
24        heatmap(1:Lx,1:Ly,ldos[:,:],aspect_ratio=:equal,xlims=(1,Lx),
          ylims=(1,Ly))
25        savefig("TB_ldosplot_$μ.png")
26    end
27    ldos_plot()
```

となります。このコードを実行した結果、下の図6.2が得られます。不純物の位置を中心にして波紋のようなものができていますね。そして、この波紋はなぜか45度方向に伸びています。これはなぜでしょうか？

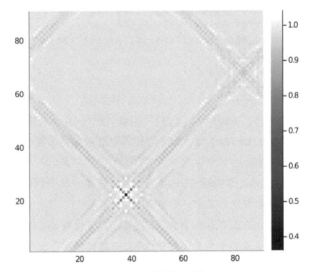

図6.2 | 2次元強束縛模型の局所状態密度分布

　波紋の形状をさらに解析するために、フーリエ変換をしてみます。系には周期境界条件がありますから、離散フーリエ変換をすれば波数空間の情報が得られます。ある周期 N の関数 $f(x)$ が $x = 0, 1,$ $\cdots, N-1$ の点上で定義されているとき、その離散フーリエ変換は

$$F(k) = \sum_{x=1}^{N-1} f(x) e^{-i\frac{2\pi}{N}kx}$$

と定義されています。この離散フーリエ変換を高速に行うアルゴリズムとして高速フーリエ変換（fast Fourier transform；FFT）が知られています。Julia では FFTW.jl というパッケージを使用す

ることで簡単にフーリエ変換を実行できます。

　FFTW.jl を導入するには、他のパッケージの導入と同様に、REPL で] キーを押して **add FFTW** としてください。FFTW.jl を使うと、ある長さ N の配列 x に対して **fft(x)** で簡単に FFT ができます。**fft** を実行すると N 個の要素を持つ配列が返ってきます。そのときの配列は N が奇数（$N=2M+1$）のとき $[f(0), f(1), \cdots, f(M), f(-M), \cdots, f(-1)]$ という形で要素が格納されていることに注意してください。これを通常の順番にするための関数として **fftshift** という関数が用意されており、**fftshift(fft(x))** とすればプロットしやすい形にすることができます。なおこの書き方以外にも Julia では前に説明したパイプライン演算子 **|>** を用いて、**fft(x) |> fftshift** と書くこともできます。

　今考えているのは 2 次元のデータですが、2 次元のデータも同様に FFT をすることができます。そこで、上のコードに

```
1  ldosfft = fft(ldos)
2  ldosfft[1,1] = 0
3  ldosfftshift = fftshift(ldosfft)
4  freq = fftshift(fftfreq(Lx,2π))
5  heatmap(freq,freq,abs.(ldosfftshift),aspect_ratio=:equal,xlims=
   (-π,π),ylims=(-π,π))
6  savefig("TB_ldosfft_$μ.png")
```

を追加して実行してみましょう。**ldosfft[1,1] = 0** はフーリエ変換したときの一様成分をゼロにしたものです。**fftfreq(Lx,2π)** は、**fft** で使った波数を得る関数です。**2π** とあるのは範囲を $-\pi$ から π とするためです。

　コードを実行した結果は次ページの図 6.3 のようになります。実空間の像で気がついたように、波数空間でも 45 度方向の直線が見えます。その直線は $|q_x| < 1$、$|q_y| < 1$ くらいの範囲にあります。また、$|q_x| > 2$、$|q_y| > 2$ の領域には、45 度方向の平行な 2 本の線が見えます。実空間の像ではこのような波はあまりよくわかりませんでした。これは何でしょうか。

　実は、このようなパターンが出るのには理由があります。このパターンは、電子がポテンシャルによって散乱されて出てきた干渉パターンです。電子は点状ポテンシャルによって散乱され、その散乱前後の波数の変化がこの像に反映されていると考えることができます。そして、測定しているのは、ゼロエネルギー状態密度です。すなわち、散乱の前後でエネルギー差がない散乱の干渉パターンが見えているはずです。つまり、波数空間で、ある波数 k_1 がエネルギーが等しい別の波数 k_2 に散乱に散乱された結果がパターンに反映されているのです。

　波数空間での等エネルギー面をプロットしてみましょう。一つの電子のエネルギーは $\epsilon_k - \mu = -2\cos(k_x a) - 2\cos(k_y a) - \mu$ です。等高線は、**contour** を使うとプロットできます。コードは

```
1  function fermisurface()
2      εk(kx,ky) = -2*(cos(kx) + cos(ky))
```

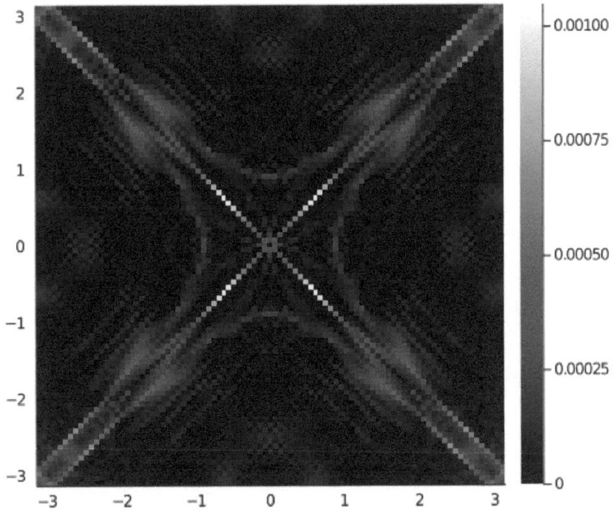

図 6.3 | 2 次元強束縛模型の局所状態密度分布のフーリエ変換

```
3       Nkx = 100
4       Nky = 100
5       kxs = range(-π,π,length=Nkx)
6       kys = range(-π,π,length=Nky)
7       μ = -0.2
8       energy = zeros(Float64,Nkx,Nky)
9       for (ikx,kx) in enumerate(kxs)
10          for (iky,ky) in enumerate(kys)
11              energy[ikx,iky] = εk(kx,ky) -μ
12          end
13      end
14
15      contour(kxs,kys,energy, levels=[0],aspect_ratio=:equal,xlabel =
        "kx",ylabel = "ky",xlims=(-π,π),ylims=(-π,π),colorbar = false    )
16      savefig("fermi_$μ.png")
17  end
18  fermisurface()
```

となります。contour のオプションの指定には levels というものがあります。これは、描きた
い等高線の値を指定することができ、今は、0 を指定しています。複数描きたい場合はここに配列
として入れておきます。

　コードを実行すると、次ページの図 6.4 のようになります。なお、ゼロエネルギーの等エネルギー
面（2 次元だと等エネルギー線）は、フェルミ面と呼ばれています。フェルミ面の形状を知ることで、
固体の物性の多くの性質を理解することができます。

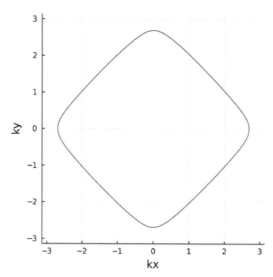

図 6.4 | 2 次元強束縛模型のフェルミ面

　それでは、上で描いたフェルミ面上の点を 2 点探し、その間の運動量の差を図示してみましょう。

　フェルミ面は $\epsilon_k - \mu = -2\cos(k_x a) - 2\cos(k_y a) - \mu = 0$ となる点の集合です。これを方程式と考えて、方程式を満たす解 k を探してみましょう。このような k はフェルミ波数と呼ばれています。この方程式の解 k を求めるには、

$$f(k_x, k_y) = (-2\cos(k_x a) - 2\cos(k_y a) - \mu)^2$$

という関数が最小となる k を求めればよいでしょう。このような問題を解くパッケージとして、Julia には Optim.jl というものがあります。いつものように REPL で] キーを押し add Optim をしてパッケージをインストールしてください。

　Optim.jl の使い方は簡単です。まず、最小値を求めたい関数を

```
1 │ εk(k) = (-2*(cos(k[1]) + cos(k[2])) - μ)^2
```

のように定義します。次に、最小値探索のための初期値を

```
1 │ k0 = 2π*rand(2) .- π
```

のように設定します。今は波数空間の 2 次元座標を求めたいので、初期値は要素数 2 の配列です。そして、

```
1 │ res= optimize(εk, k0)
```

で問題を解き、得られた結果を res に格納します。res にはいろいろな情報（収束の状況等）が入っており、

```
1 | display(res)
```

で結果を見ることができます。関数 f が最小値となる解は

```
1 | kans = Optim.minimizer(res)
```

とすることで得ることができます。これらを組み合わせることにより、フェルミ波数を求めるコードは

```
1  using Optim
2  function findzero(μ)
3      εk(k) = (-2*(cos(k[1]) + cos(k[2])) - μ)^2
4      k0 = 2π*rand(2) .- π
5      res= optimize(εk, k0)
6      kans = Optim.minimizer(res)
7      for i=1:2
8          while kans[i] > π #解は2πの周期関数なので、波数が-πからπに入るように調整
9              kans[i] -= 2π
10         end
11         while kans[i] < -π
12             kans[i] += 2π
13         end
14     end
15     println("Fermi momentum: ",kans)
16     println("energy= ", εk(kans) )
17     return kans
18 end
```

となります。これで findzero(μ) を実行することでフェルミ波数が得られるようになりました。あとは、二つのフェルミ波数の組を求め、点と矢印を描画すれば OK です。これは

```
1  contour(kxs,kys,energy, levels=[0],aspect_ratio=:equal,xlabel =
   "kx",ylabel = "ky",xlims=(-π,π),ylims=(-π,π),colorbar = false     )
2  npoints = 5
3  for i=1:npoints
4      kans1 = findzero(μ) #一つ目のフェルミ波数
5      kans2 = findzero(μ) #二つ目のフェルミ波数
6      kxpoints = [kans1[1],kans2[1]]
7      kypoints = [kans1[2],kans2[2]]
```

```
8        plot!(kxpoints,kypoints, marker =:circle, arrow=(:closed, 2.0))
         #矢印を描くプロット
9    end
```

でできます。ここで、arrow を使うと二つの点を矢印で結ぶことができます。このコードを fermisurface() の contour と savefig の間に追加して実行してみてください。

　得られた結果は下の図 6.5 のようなものになっているはずです。ここで描かれた矢印の方向と大きさが、フーリエ変換したときで出てくるパターンに対応するベクトルになっているはずです。例えば、$|q_x|<1$、$|q_y|<1$ くらいの範囲の 45 度方向の強度は、フェルミ波数の一つの辺の上での散乱に対応することがわかります。また、フェルミ面の辺の長さよりも長い 45 度方向のベクトルは存在しないことがわかりますので、$|q_x|>2$、$|q_y|>2$ の領域では、45 度から少しだけずれたベクトルになることがわかります（一つの辺から別の辺への散乱ベクトルになっています）。

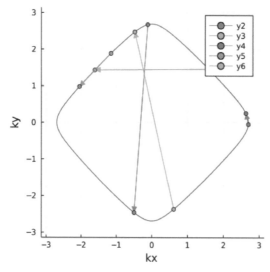

図 6.5 | 2 次元強束縛模型のフェルミ面と散乱波数

　このように、走査型トンネル顕微鏡実験によって得られた像をフーリエ変換することで、系の波数空間の情報（ここではフェルミ面の情報）を得ることができます。このような手法を準粒子干渉（QPI）と呼び、最先端の実験において使われています。

6.2 超伝導平均場理論：自己無撞着計算

6.2.1 超伝導について

　次は、超伝導について扱ってみましょう。超伝導とは 1911 年に発見された、電気抵抗がゼロになる現象のことです。この現象は発見から 40 年以上原因がよくわかっていませんでしたが、1957

年にバーディーン、クーパー、シュリーファーの三人によって提唱されたBCS理論（1972年ノーベル物理学賞）によって初めて微視的に解明されました。その後様々な超伝導体が発見されました。超伝導にするには非常に低い温度にする必要がありましたが、1980年代の終わりには、液体窒素温度（−195.8℃）以上で超伝導になる物質群が発見され（1987年ノーベル物理学賞）、近年では線材やMRIなど産業界でも盛んに使われています。超伝導になる温度は超伝導転移温度と呼ばれます。なお、2021年現在で最も高い超伝導転移温度は、267 GPaという超高圧下ですがCH$_8$Sの287.7 K（15℃）です。超高圧だと産業応用は難しいので、現在もより高い温度で超伝導を起こす物質の探索は世界中で盛んに行われています。

この節ではBCS理論に基づいた超伝導転移温度を計算する式を解いてみます。なお、BCS理論については解説すると非常に長くなりますので、ここでは述べません。提示されている方程式を解いて解を得る、ということを行います。

6.2.2 | 解くべき方程式

以下のような方程式：

$$\Delta = NV \int_0^{\hbar\omega_c} d\xi \, \frac{\Delta \tanh\left(\frac{\sqrt{\xi^2 + \Delta^2}}{2k_B T}\right)}{\sqrt{\xi^2 + \Delta^2}}$$

を満たすような Δ を求める問題を考えます。この方程式はギャップ方程式と呼ばれています。ここで、N はフェルミエネルギーにおける電子の状態密度、V は引力相互作用の強さ、$\hbar$ はプランク定数、ω_c はデバイ振動数、k_B はボルツマン定数ですが、ここではこれらパラメータの詳細については述べません。単なるパラメータだと思ってください。唯一重要な変数は T で、これは温度です。つまり、この方程式は

$$\Delta = G(\Delta, T)$$

という Δ に関して非線形な方程式となっており、温度 T に依存して解 Δ が変化します。BCS理論ではこの Δ を超伝導秩序変数と呼び、超伝導状態であれば Δ が有限、普通の金属状態であれば $\Delta = 0$ となります。右辺と左辺が等しくなるような Δ を求めることを、自己無撞着に解く、と呼びます。右辺と左辺に矛盾が無いように（self-consistent に）解くという意味です。なお、イジング模型のモンテカルロ法で扱った磁化と同じように秩序変数は相転移を特徴づけています。ですので、温度 T を徐々に下げていったときに、Δ がゼロから有限になり始める温度が超伝導転移温度となります。この温度を計算で求めてみましょう。

まず、方程式には ξ に関する積分がありますので、1次元数値積分ができるパッケージのQuadGk.jl を使うことにしましょう。右辺の計算のためのコードは、

```
1  const kB = 1
2  const N = 1
3  const ħω = 10
```

```
4   function gapequation(Δ,T,V)
5       f(ξ) = N*V*Δ*tanh((sqrt(Δ^2+ξ^2))/(2kB*T))/(sqrt(Δ^2+ξ^2))
6       result = quadgk(f,0,ℏω)
7       return result[1]
8   end
```

です。ここで、$k_B = \hbar = 1$ という単位系を使いました。また、$N = 1$ とし、デバイ振動数 ω_c は適当に 10 としました。これは好きな値にすることもできます。実際の超伝導体では、超伝導秩序変数 Δ のエネルギースケールが温度換算で数 K–10 K 程度、デバイ振動数のエネルギースケールは数百 K 程度となっていますので、超伝導秩序変数 Δ が 1 程度になるときにデバイ振動数がその 10 倍の値になるように設定しました。

　次に、$\Delta = G(\Delta, T)$ となる Δ を求めるコードを書きます。これは関数 $f(\Delta) = (G(\Delta, T) - \Delta)^2$ の最小値を求める問題とみなすことができますから、前の節で使った Optim.jl というパッケージを利用することができます。これを利用すると、Δ を求めるコードは

```
1   function solve_optim(gapequation,T,V,eps=1e-4,maxΔ=1.5)
2       gfunc(Δ) = (gapequation(Δ,T,V) - Δ)^2
3       res= optimize(gfunc, 1e-10,maxΔ,rel_tol=eps)
4       Δ = abs(Optim.minimizer(res)[1]) #Δは正でも負でもどちらでもありうるが、
    ここでは正の方を取る
5       return Δ
6   end
```

と作ることができます。これで、ある温度 T を与えたときのギャップ方程式の解 Δ が求まります。ここで、`optimize(gfunc, 1e-10,maxΔ,rel_tol=eps)` は解が $10^{-10} < \Delta < $ `maxΔ` にあると仮定して相対誤差が `eps` の範囲で方程式を満たす解を得る関数です。

　この方程式でまだ決めていないのは T と V の二つです。V は超伝導になるために必要な電子間の引力相互作用の強さでして、BCS 理論の場合にはこの値が大きければ大きいほど超伝導転移温度が大きくなっていきます（電子間引力相互作用の起源——電子格子相互作用など——まで考慮したより精緻な理論では、ある程度の V 以上では超伝導転移温度は頭打ちになります）。ここでは、$T = 0$ において得られる解 Δ がちょうど 1 になるような V を選んでみましょう。これも Optim.jl を使えば簡単にコードを書くことができまして、上の `solve_optim` を利用して、

```
1   f(V) = (solve_optim(gapequation,0,V)-Δ)^2
2   res= optimize(f,0,1.5)
3   V = Optim.minimizer(res)[1]
4   println("V = ",V)
```

とすれば $\Delta = 1$ となるような V の値が得られます。

　この V を利用して、Δ の温度依存性を計算してプロットしてみます。コードは

```
1   function tdep()
2       Δ = 1.0
3       V = 1.0
4       T = 0
5
6       f(V) = (solve_optim(gapequation,0,V)-Δ)^2
7       res= optimize(f,0,1.5)
8       V = Optim.minimizer(res)[1]
9       println("V = ",V)
10
11      nT = 1000
12      Ts = range(1e-15,0.6,length=nT)
13
14      Δs = []
15      @time for T in Ts
16          Δ = solve_optim(gapequation,T,V)
17          push!(Δs,Δ)
18      end
19      plot(Ts,Δs,marker=:circle,xlabel="T",ylabel="Delta",label=
    "Optim")
20      savefig("Deltas_optim.png")
21  end
22  tdep()
```

となります。実行した結果得られる図は、次ページの図 6.6 のようになるはずです。温度がゼロ T = 0 のときに $\Delta = 1$ となり、温度を上げていくにつれて Δ の値は小さくなり、$T = 0.56$ くらいでゼロになっていますね。この $\Delta = 0$ となる温度 T_c が超伝導転移温度です。BCS 理論の場合、ある近似の元でギャップ方程式を解析的に解くことができまして、その結果は $T_c \sim \Delta/1.76 = 0.56\Delta$ 程度になることが知られています。

　上では Optim.jl を使って問題を解きましたが、もちろん自分で解を求めるコードを書くこともできます。方程式は $x = G(x)$ というような形をしていますから、ある適当な値 x_0 を用意し、$x_1 = G(x_0)$、$x_2 = G(x_1)$ のように次々と代入していけば x_i はある値に収束していくかもしれません。この方法を逐次代入法を呼びます。コードで書くと、

```
1   function solve_simple(gapequation,T,V,eps=1e-4,initialΔ=1.5)
2       Δ = initialΔ
3       Δold = 100.0
4       res = abs(Δ-Δold)/abs(Δ)
5       while res > eps && abs(Δ) > 1e-10
6           Δ = abs(gapequation(Δ,T,V))
7           res = abs(Δ-Δold)/abs(Δ)
8           Δold = Δ
9       end
10      return Δ
```

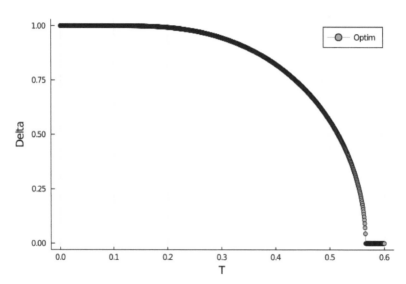

図 6.6 | 超伝導秩序変数の温度依存性

11 | end

ですね。相対誤差 res がある値になるまで while 文でループさせています。上の関数 tdep() の中の solve_optim をこの solve_simple に置き換えて計算してみてください。ちゃんと答えは出るでしょうか？ @time をつけて計算速度の比較をしてみるのも面白いかもしれません。

6.2.3 | 線形化されたギャップ方程式を解く

上で定義したギャップ方程式の温度依存性を見てみますと、超伝導転移温度付近で急激にゼロに近づいているのがわかります。Optim.jl を使ってこの超伝導転移温度を求めようとしても、なかなか難しいです。なぜなら、解が $\Delta = 0$ となる温度 T を探せばいいかと思いきや、超伝導転移温度よりも高い温度領域では常に解は $\Delta = 0$ ですから、高温領域をサーチしてしまうとその瞬間にその温度も条件を満たしてしまい、本当の超伝導転移温度がうまく見つかりません。

この問題を解決する一つの方法は、方程式を変形してしまうことです。今考えている超伝導転移温度付近では、当然 Δ は非常に小さいです。ですので、方程式の中の Δ^2 の項は全部ゼロにして落としてしまっても、結果はほとんど変わらないと考えられます。そこで、

$$\Delta = NV \int_0^{\hbar\omega_c} d\xi \, \frac{\Delta \tanh\left(\frac{\sqrt{\xi^2}}{2k_B T}\right)}{\sqrt{\xi^2}}$$

という方程式を考えます。さらに、両辺を Δ で割れば、

$$1 = NV \int_0^{\hbar\omega_c} d\xi \, \frac{\tanh\left(\frac{\sqrt{\xi^2}}{2k_B T}\right)}{\sqrt{\xi^2}}$$

となりまして、Δ が全く出てこない式になります。この方程式を線形化ギャップ方程式と呼びます。

　温度依存性があるのは右辺だけですから、右辺が 1 となるような T を探してくれば、その温度が超伝導転移温度です。温度 T は tanh の中にしか入っていませんから、被積分関数は温度が大きくなればなるほど小さくなる単調減少関数です。ですので、その解は Optim.jl でも探せると予想されます。まず、右辺は

```
1  function linearized_gapequation(T,V)
2      f(ξ) = N*V*tanh(abs(ξ)/(2kB*T))/abs(ξ)
3      result = quadgk(f,0,ℏω)
4      return result[1]
5  end
```

という関数で計算できます。あとはこれから 1 を引いて 2 乗したものが最小となる T を探すだけです。それは

```
1      findTc(T) = (linearized_gapequation(T,V)-1)^2
2      res= optimize(findTc,0,1)
3      Tc = Optim.minimizer(res)[1]
4      println("Tc = ",Tc)
5      println("Theoretical value of Tc = ", 1/1.76)#(2*exp(0.577)/
       π)*ℏω*exp(-1/(N*V)))
```

でできます。得られた T_c が理論値 1/1.76 とよく一致することを確かめてください。

7日目

自分の問題を
解いてみよう

本日
学ぶこと

- ▶ データの入出力と様々なパッケージの使い方
- ▶ 高速化の方針
- ▶ 並列計算

　1日目から3日目まではJuliaの基本的な機能を実例を通して説明しました。4日目から6日目までは、物理で現れる問題を実際に解きながら、Juliaの機能を説明しました。1日目から6日目まで通しでコードを書き写し実行することで、Juliaの機能とコーディング方法について理解できたことでしょう。最終日の7日目は、これまでのまとめとして、数値計算で登場する様々な状況において使えるJuliaの機能を説明したいと思います。また、自分で書いたコードが思ったより速くない場合に、何に注意すればより速く動くコードになるかについても説明します。最後に、さらに速い数値計算を行うために、Juliaによる並列計算について触れたいと思います。この7日目は、自分でJuliaのコードを書く際に辞書的に参照することができるように書いてあります。

7.1 用途別必要機能まとめ

　ここでは、数値計算を行う際に使いそうな機能について解説します。

7.1.1 データの入出力

　計算したデータをファイルとして出力し、保存したいことがあると思います。例えば、計算した結果をテキストデータとして書き出し、gnuplotなどの他の可視化ソフトで開きたい場合です。また、計算に必要なパラメータをテキストファイルとして保存し、数値計算を行うたびにそのパラメータを読み込むこともあると思います。

7.1.1.1 | テキストデータでの読み書き

変数の値を表示する関数として、`println`がありました（1日目を参照）。画面に表示したい場合は

```
1 │ println("Hello World!")
```

とすれば Hello World! が出力されます。この文字列をファイルに書き込みたいときは、

```
1 │ fp = open("test.txt","w")
2 │ println(fp,"Hello World!")
3 │ close(fp)
```

で可能です。`println`の第1引数にファイルの情報が入った変数 fp を入れることで、この例では test.txt に Hello World! が書き込まれることになります。ここではファイルを書き込み用としてオープンするために "w" としています。ファイルの書き込みを終了するためには `close(fp)` が必要です。

この書き方の他に、

```
1 │ open("test.txt","w") do fp
2 │     println(fp,"Hello World!")
3 │ end
```

とすることもできます。この場合は do と end で囲まれている間だけ test.txt がオープンされており、end に達すると自動的にファイルの書き込みを終了します。どちらの書き方でもファイルに書き込みが可能ですが、数値計算で様々な量を複数のファイルに書き込む場合、前者の open と close を使ったやり方の方が見やすくなることが多いでしょう。

open で使える "w" などのモードは他には、"a"（すでにあるファイルに追記）や "r" などがあります。"r+" や "w+" などもありますが、あまり使いませんので説明は省きます。数値計算で典型的なデータの出力コードの例は

```
1 │ function outputdata()
2 │     n = 100
3 │     fp = open("test.txt","w")
4 │     for i=1:n
5 │         x = rand()
6 │         println(fp,i,"\t",x)
7 │     end
8 │     close(fp)
9 │ end
```

```
10 │ outputdata()
```

です。\t は Tab 記号で、整数 i と実数 x が Tab で区切られて出力されます。

　ファイルの内容を読み込む方法はいくつかあります。一番簡単な方法は readlines(filename) です。これを使ったファイル読み込み用コードの例は

```
 1 │ function readdata()
 2 │     filename = ARGS[1]
 3 │     dataset = readlines(filename)
 4 │     numdata = countlines(filename) #ファイルの全行数
 5 │     xs = zeros(Float64,numdata)
 6 │     for i=1:numdata
 7 │         println(dataset[i])
 8 │         u = split(dataset[i]) #文字列を区切る
 9 │         println(u)
10 │         i2 = parse(Int64,u[1]) #文字列を整数にする
11 │         xs[i2] = parse(Float64,u[2]) #文字列を実数にする
12 │     end
13 │ end
14 │ readdata()
```

です。ここで、ARGS[1] の ARGS は実行時引数のことです。例えば、コード test.jl を

```
julia test.jl A B
```

のように実行すると、ARGS[1] に A が、ARGS[2] に B が文字列として格納されます。ARGS を使うことでインプットファイルを選ぶことができるようになりますね。上の例では outputdata() で作成したデータを読み込むために

```
julia test.jl test.txt
```

とします。

　readlines(filename) はファイルに書かれているデータを全て読み込んで配列として返す関数です。n 番目の行は n 番目の配列に格納されています。データは一つの文字列として保存されていますので、それを複数の文字列に切り出すためには split を使います。split(a) は文字列 a をスペースかタブで区切ってくれますが、もし違うもので区切りたい場合には split(a, ".") のようにすると、. で区切ってくれます。

　split によって複数の文字列の配列となった u は、このデータでは要素数が二つです。一つ目が整数、二つ目を実数（Float64）で取り出すこととします。文字列を整数や実数に変換したい場合には parse(Int64,x) や parse(Float64,x) を使います。もし x が配列となっており中

身の複数の文字列を全部同じ型に変換したい場合には、ブロードキャスト . を使って parse. (Float64,x) をすれば可能です。

readline を使わない方法として、open を使う方法もあります。この場合は

```julia
function readdata2()
    filename = ARGS[1]
    xs = Float64[] #Float64型の空の配列
    fp = open(filename,"r")
    for line in eachline(fp)
        println(line)
        u = split(line)
        println(u)
        i2 = parse(Int64,u[1])
        push!(xs,parse(Float64,u[2]))
    end
    close(fp)
end
```

のようにします。for line in eachline(fp) とすることで、ファイルを一行一行読み込むことが可能です。もし読み込むデータがメモリに乗らないほど大きい場合には、全部を配列に確保しないこちらの方がよいかもしれません。

7.1.1.2 | JLDフォーマットでの読み書き

ここまではテキストデータの読み書きについて述べましたが、もし読み書きしたいデータがたくさんあった場合、テキストデータを使った方法では使った変数の値を書き出してからまた読み出すのは少し面倒です。パッケージ JLD.jl を使えば、計算した変数をその型の構造も含めて保存してしまうことが可能です。インストールはいつもと同じように REPL で] キーを押してパッケージモードのして、add JLD で可能です。JLD はデータフォーマット HDF5 の Julia の "方言" でして、HDF5 を利用してデータを保存しています。内部のデータはバイナリで保存されています。

データの書き込みは

```julia
using JLD
function writedataJLD()
    N = 128
    filename = "myfile.jld"
    α = 2.3
    rs = rand(3,3)
    println("N = $N, α = $α, rs = ")
    display(rs)
    println("\t")
    save(filename ,"Number",N,"α",α,"randomnumber",rs)
    x = 2.3im
    y = 2im
```

```
13        println("x = $x, y = $y")
14        fp = jldopen(filename,"r+")  #追記する場合
15        write(fp,"x",x)
16        close(fp)
17        jldopen(filename,"r+") do file #この書き方も可能
18            write(file,"y",y)
19        end
20    end
21    writedataJLD()
```

のように行います。save(filename,a,b) は、filename というファイルに a という名前で b を保存するという意味です。save 関数の他には、jldopen を使えば open のときのように書き込みができます。

このデータを読み出すには、

```
1    function loaddataJLD()
2        filename = ARGS[1]
3        data = load(filename)
4        println("N = $(data["Number"]), α = $(data["α"]), rs = ")
5        display(data["randomnumber"])
6        println("\t")
7        x = load(filename,"x") #欲しい変数だけ取ってくる場合
8        y = jldopen(filename, "r") do file #この書き方もできる
9            read(file, "y")
10       end
11       println("x = $x, y = $y")
12   end
```

のようなコードを書きます。data = load(filename) とすると filename のファイルから変数を全て辞書型の変数 data に格納します。それぞれの値は data["Number"] などのようにすれば取り出すことができます。また、指定した変数だけ取ってきたい場合には x = load(filename,"x") のようにすれば名前 x の変数を取り出すことができます。

JLD フォーマットではデータを階層的に保存しておくこともできます。例えば、ディレクトリ data1 に変数 x を保存しておくには

```
1    function writedataJLD2()
2        filename = "dicttest.jld"
3        fp = jldopen(filename,"w")
4        x = 3.2
5        write(fp,"data1/x",x) #data1ディレクトリの中にxという名前のデータを保存
6        close(fp)
7    end
```

とします。あるいは、JLD は HDF5 の方言ですので HDF5.jl の機能を使うこともできまして、その

場合には

```
1  using HDF5
2  function writedataJLD2()
3      filename = "dicttest.jld"
4      fp = jldopen(filename,"w")
5      g = create_group(fp,"data1") #data1というディレクトリを作成
6      g["x"] = 2.4 #data1というディレクトリに名前xという変数を保存
7      close(fp)
8  end
```

とすることも可能です。データを読み出すには

```
1  function loaddataJLD2()
2      filename = ARGS[1]
3      data = load(filename)
4      group = data["data1"]
5      println("x = $(group["x"])")
6      println("x = $(data["data1"]["x"])") #こちらも可能
7      x = load(filename,"/data1/x") #直接読み込むことも可能
8      println("x = ", x)
9  end
```

などのようにします。グループを取り出してもよいですし、data["data1"]["x"] のように書いてもよいです。また、/data1/x のようにファイルのアドレスのように直接指定して読み込むことも可能です。

　自分で定義した型も保存することができます。例えば、

```
1  struct Mygoodtype
2      x::Int64
3      y::Float64
4  end
5  function writedataJLD3()
6      a = Mygoodtype(3,1.2)
7      filename = "mytype.jld"
8      fp = jldopen(filename,"w")
9      write(fp,"gooddata",a)
10     close(fp)
11 end
```

としてファイルを mytype.jld に書き出したとします。これは

```
1  function loaddataJLD3()
2      filename = ARGS[1]
```

```
3      x = load(filename,"gooddata")
4      println(x)
5  end
```

と他の型と同様に読み込むことができます。もしある外部パッケージに定義された型を保存したい
場合には、

```
1  function writedataJLD4()
2      a = spzeros(Float64,4,4)
3      a[1,1] = 4.0
4      filename = "sp.jld"
5      fp = jldopen(filename,"w")
6      addrequire(fp,SparseArrays)
7      write(fp,"a",a)
8      close(fp)
9  end
```

と addrequire でモジュール名を指定することで、読み出すときに

```
1  function loaddataJLD4()
2      filename = ARGS[1]
3      a = load(filename,"a")
4      display(a)
5  end
```

とすれば自動的にそのパッケージを読み込んでくれます。

7.1.2 | 様々なパッケージ

　ここでは、この本で使った外部パッケージを紹介します。自分のやりたいことが実装されている
パッケージがあれば、それを使うのが一番効率的です。

　パッケージのインストールは、例えば Plots パッケージを入れたい場合には、

● Julia を REPL で立ち上げて、] キーを押してから add Plots

● julia -e 'using Pkg;Pkg.add("Plots")' を実行

● using Pkg;Pkg.add("Plots") と書かれたファイル test.jl を julia test.jl で実行

などの方法があります。どの方法でも同じようにパッケージをインストールすることができます。

　以下に数値計算でよく使われるパッケージを簡単なコメントとともに紹介します。もし詳細が知
りたい場合にはパッケージ名に .jl をつけて検索し、GitHub のページを参考にしてください。

7.1.2.1 | LinearAlgebra

線形代数のパッケージです。eigen(A) で行列 A の固有値と固有ベクトルを求めることができます。また、x = A \ b で連立方程式 $A\vec{x}=\vec{b}$ を解くことができます。

7.1.2.2 | DifferentialEquations

微分方程式を解きます（2日目を参照）。

7.1.2.3 | PyCall

Python のライブラリを呼べるようにします（2日目を参照）。

7.1.2.4 | Plots

結果のプロットに関するパッケージです（2日目以降様々な場所で使用）。

7.1.2.5 | QuadGK

1次元数値積分を計算します（3日目を参照）。

```
1 | using QuadGK
2 | f(x) = 4/(1+x^2)
3 | result = quadgk(f,0,1)
4 | println(result[1],"\t error: ",result[2])
```

のように使います。

7.1.2.6 | Random

乱数を扱うパッケージです（3日目を参照）。Random.seed!(seed) とすると乱数のシードを変更することができます。同じ seed を使うと同じ乱数列が得られますので、乱数を使った数値計算で実行するたびに同じ値を出したいときに便利です。

7.1.2.7 | SparseArrays

疎行列を扱うパッケージです（4日目参照）。疎行列の格納形式は Compressed Sparse Column（CSC、圧縮列格納形式）です。

7.1.2.8 | SpecialFunctions

ベッセル関数などの特殊関数を計算します（4日目を参照）。n 次の第一種ベッセル関数 $J_n(x)$ であれば besselj(n,x) です。ベッセル関数のゼロ点を返す FunctionZeros というパッケージもあります。

7.1.2.9 | Distributions

　確率分布を扱います。平均 μ、標準偏差 σ の確率分布は m = Normal(μ,σ) で与えられ、その確率分布に従う乱数は rand(m) で生成されます。

7.1.2.10 | FFTW

　高速フーリエ変換を行います（6日目を参照）。長さ N の配列 x を fft(x) で離散フーリエ変換します。

7.1.2.11 | Optim

　関数の最適化に関するパッケージです（6日目を参照）。ある関数 $f(x)$ が最小となる x を探すことができます。

```
1  using Optim
2  f(x) = (1.0 - x[1])^2 + 100.0 * (x[2] - x[1]^2)^2
3  a1 = optimize(f, [0.0, 0.0])
4  xsol = Optim.minimizer(a1) #関数fを最小化するxの値
5  println("xsol = $xsol")
6  fmin = Optim.minimum(a1) #関数fの最小値
7  println("fmin = $fmin")
```

とすると、要素を二つ持つ変数 x の関数である $f(x)$ が最小となる x を初期値（0,0）から探します。minimizer というのが、最小化する変数を得るもので、minimum というのは関数の値を求めるものとなっています。

　ある範囲で探索する場合には、optimize(f2, -2.0, 1.0) のようにすることで f2(x) が最小となる x を -2 から 1 の間で探します。

7.1.2.12 | KrylovKit

　クリロフ部分空間法によるソルバーが入ったパッケージです。行列 H とベクトル $\vec{x}$ の積さえ定義されていれば様々な問題を解くことができます。例えば、連立方程式 $A\vec{x}=\vec{b}$ なら x,info = linsolve(A,b) で解けます。固有値問題 $H\vec{x}=\lambda\vec{x}$ であれば eigsolve(A,10,:LM) で絶対値最大の固有値と固有ベクトルを 10 個計算できます。:SR を指定すれば実数部が最小の固有値が求まります。このパッケージの特徴的な点の一つは eigsolve(f,n,10,:LM) のような形で関数 $f(x)$ を引数にしても固有値問題が解けることです。ここでの n はベクトルの長さです。つまり、具体的に行列を作らなくても、行列とベクトルの積 f(x)=A*x を実装しておけば問題が解けます。

7.1.2.13 | IterativeSolvers

　巨大な線形問題を解くための逐次的手法が入ったパッケージです。共役勾配法（CG 法）や BICGStab 法などを用いて連立方程式 $A\vec{x}=\vec{b}$ を解くことができます。また、固有値問題 $A\vec{x}=\lambda\vec{x}$ を

解くためのベキ乗法と LOBPCG 法が実装されています。CG 法を使って連立方程式を解く場合は

```julia
using IterativeSolvers
function test()
    n = 10
    A = rand(n,n)
    B = A'*A
    b = rand(n)
    x= cg(B,b,abstol=1e-12)
    println(x)
    println(B*x - b)
    y = rand(n)
    cg!(y, B, b,abstol=1e-12)
    println(y)
    println(B*y - b)
end
test()
```

のようにすればよいです。行列には密行列はもちろん疎行列も入れることができます。

　IterativeSolvers も KrylovKit と同様に具体的な行列を作らずに問題を解くことができます。その場合は、後述の LinearMaps というパッケージを使います。

7.1.2.14 | **Arpack**

　固有値問題をアーノルディ法（Arnoldi method）で解く Fortran ライブラリのラッパーです。KrylovKit と同様に、行列とベクトル積を繰り返すことによって、行列の少数の固有値と固有ベクトルを得ることができます。このパッケージも LinearMaps に対応しており、具体的な行列を作らなくても固有値計算をすることができます。例を LinearMaps の項で説明します。

7.1.2.15 | **LinearMaps**

　行列 A を定義せずに行列とベクトルの積 $A\vec{v}$ だけを定義して行列を扱うパッケージです。連立方程式 $A\vec{x}=\vec{b}$ の解を求めるための CG 法における逐次演算では行列ベクトル積を何回も演算させる必要があります。固有値問題でのアーノルディ法でも同様です。しかし、行列 A があまりにも大きかった場合、メモリに A が入らずに計算ができない！というような場合があります。一つの方法としては、A が疎行列であれば、行列要素のうち 0 ではない部分だけを格納することで、メモリを節約することができます。Julia ではその場合には SparseArrays.jl というパッケージがあります。一方、非ゼロ要素がたくさんある場合でも、行列自体をメモリに保持するのではなく、あるベクトル $\vec{v}$ に対して $A\vec{v}$ のみを返すようにすれば、計算が可能です。そのようなケースに対応するパッケージが、この LinearMaps.jl というパッケージです。これを使えば、線形な演算子 A が与えられているときに $A\vec{v}$ を計算するというようなより抽象的な演算も行うことができます。

　線形演算を定義してみましょう。$\vec{x}$ が与えられたときにベクトル $\vec{y}$ が返ってくる関数 $\vec{y}=f(\vec{x})$ を作ってみます。例えば、

```
1   function set_diff(v)
2       function calc_diff!(y::AbstractVector, x::AbstractVector)
3           n = length(x)
4           length(y) == n || throw(DimensionMismatch())
5           for i=1:n
6               dx = 1
7               jp = i+dx
8               jp += ifelse(jp > n,-n,0)  #+1方向
9               dx = -1
10              jm = i+dx
11              jm += ifelse(jm < 1,n,0)  #-1方向
12              y[i] = v*(x[jp]+x[jm])
13          end
14          return y
15      end
16      (y,x) -> calc_diff!(y,x)
17  end
```

という関数です。これを使えば、

```
1   A = set_diff(-1.0)
```

とすることで、$A(\vec{y},\vec{x})$ という関数を作ることができます。この関数を呼ぶと、

$$\vec{y} = D\vec{x}$$

$$y_i = \sum_{i=1}^{N} \left(D_{i,i+1} x_{i+1} + D_{i,i-1} x_{i-1} \right)$$

というような行列 D を $\vec{x}$ に演算した結果のベクトル $\vec{y}$ が出てくることになります。

　function set_diff の中で function calc_diff! を定義することで、D に好きな値を入れられるようにしています。(y,x) -> calc_diff!(y,x) は無名関数で、インプットが (y,x) のときにアウトプットが calc_diff!(y,x) となる関数、です。つまり、返り値は関数です。

　この関数 $A(\vec{y},\vec{x})$ を使って、行列を

```
1   using LinearMaps
2   n = 100
3   D = LinearMap(A, n; ismutating=true,issymmetric=true)
```

と定義します。ここで、issymmetric=true は行列が対称行列であるということを指示しており、ismutating=true は引数に入った関数が $A(\vec{x})$ ではなく $A(\vec{y},\vec{x})$ という関数であることを意味し

ています。これを true にしておくと、古い y と x を使って新しい y を作る演算が定義できるようになります。n は行列のサイズです。

この行列の固有値を求めたければ、Arpack を使い、

```
1  using Arpack
2  @time ene,v = eigs(D; nev=20, which=:SR)
3  println(ene)
```

とすれば、固有値のうち実数部分が小さい順に 20 個固有値を得ることができます。なお、issymmetric=true をつけないと Arpack が対称行列用のルーチンを使わなくなりますので、固有値が複素数になっても大丈夫なように演算することとなります。あらかじめ対称行列だとわかっているのであれば、issymmetric=true をつけた方が計算が軽いです。

7.1.2.16 | Combinatorics

場合分けや順列の組み合わせを計算するパッケージです。combinations(1:N,M) とすると、1:N という N 個の整数から M 個だけ取ってくる組み合わせのパターンを計算してくれます。計算したパターンは collect(combinations(1:N,M)) のようにすれば配列として得ることができます。

7.1.2.17 | OffsetArrays

Julia の配列の始まりは Fortran のデフォルトと同じように 1 からですが、このパッケージを使えば Fortran のように好きな値から配列を始められます。

例えば、

```
1   julia> using OffsetArrays
2   julia> A = Float64.(reshape(1:15, 3, 5))
3   3×5 Matrix{Float64}:
4    1.0  4.0  7.0  10.0  13.0
5    2.0  5.0  8.0  11.0  14.0
6    3.0  6.0  9.0  12.0  15.0
7    julia> OA = OffsetArray(A, -1:1, 0:4) # OA の添字の範囲は(-1:1, 0:4)
8   3×5 OffsetArray(::Matrix{Float64}, -1:1, 0:4) with eltype Float64
    with indices -1:1×0:4:
9    1.0  4.0  7.0  10.0  13.0
10   2.0  5.0  8.0  11.0  14.0
11   3.0  6.0  9.0  12.0  15.0
12  julia> OA = OffsetArray(A, CartesianIndex(-1, 0):CartesianIndex(1,
    4)) #二次元的に設定することもできます
13  3×5 OffsetArray(::Matrix{Float64}, -1:1, 0:4) with eltype Float64
    with indices -1:1×0:4:
14   1.0  4.0  7.0  10.0  13.0
```

```
15    2.0  5.0  8.0  11.0  14.0
16    3.0  6.0  9.0  12.0  15.0
17  julia> OA[-1,0]
18    1.0
```

のようにできます。なお、**OffsetArray** を作るときには配列 A からコピーはしていませんので元
の A のように扱うことができます。例えば、

```
1  julia> OA[-1,0] = 100
2    100
```

とすると、A[1,1] の値が 100 に変更されます。配列をコピーしていないために OA を作成する
コストはほとんどありません。

7.1.2.18 | Dates
日付に関するパッケージです。

```
1  julia> today()
2    2021-08-06
3  julia> now()
4    2021-08-06T15:49:37.938
```

のように今日の日付や今の時刻を返してくれます。これを数値計算の最初に呼び出してアウトプッ
トのどこかに書いておけば、いつ実行したのかがわかるようになります。

7.1.2.19 | JLD
データの読み書きを行うパッケージです。データはバイナリですがHDF5形式で保存しますので、
HDF5 の h5dump などで中身をみることができます。Julia の型の情報などをちゃんと保存してく
れています。

7.1.2.20 | Dierckx
1 次元と 2 次元のスプライン補間を行うパッケージです。Fortran 言語で書かれた Dierckx とい
うライブラリのラッパーとなっています。x と x の関数 $f(x)$ の値の組が与えられたとき、スプライ
ン補間を行って間の値を補間してくれます。例えば、

```
1  using Dierckx
2  using Plots
3  function test()
4      N = 10
5      x = range(0,10,length=N)
```

```
 6        fx = x.^3 .- 1
 7        spl = Spline1D(x,fx)
 8        Nmany = 30
 9        xmany = range(0,10,length=Nmany)
10        plot(xmany,spl(xmany),marker=:circle)
11        savefig("sp.png")
12        x0 = 1.5
13        exactval = 3*x0^2
14        splineval = derivative(spl, x0) #微分の計算
15        println("exact: $exactval, spline: $splineval")
16        sekibun = integrate(spl,0,4) #積分の計算
17        exact_sekibun = 4^4/4 - 4
18        println("exact: $exact_sekibun, spline: $sekibun")
19        xzero = roots(spl)  #零点探索
20        println("exact: 1, spline: $xzero")
21   end
22   test()
```

とすると、10点のxとその関数$f(x)$からスプライン補間によって30点のxでの値$f(x)$を計算します。また、derivativeは微分を、integrateは積分を計算します。そして、roots(spl)は$f(x)$=0となるxを計算します。2次元の場合はspline = Spline2D(x, y, z)を使えば同様にスプライン補間が可能です。

7.1.2.21 | Flux

　機械学習パッケージです。PythonでのTensorflowやPyTorchのようなものです。与えられたデータを再現するようなニューラルネットワークを構築することができます。この本では詳細について述べませんが、

```
1    model = Chain(Dense(2,10,relu),Dense(10,10,relu),Dense(10,10,relu),
     Dense(10,1))
```

などとすればインプットが2成分アウトプットが1成分の隠れ層が3層のニューラルネットワーク（活性化関数はReLu）が定義できます。loss関数は、例えば平均2乗誤差ならば、

```
1    loss(x,y) = Flux.mse(model(x), y)
```

で定義できますし、最適化手法は

```
1    opt = ADAM()
```

とすればADAMが使用できます。そして、インプットデータと教師データの組が(x,y)というタ

プルで与えられているとき、そのタプルを集めた配列を data とすると、教師あり学習の1エポック（機械学習ではパラメータを更新する1ステップのことを1エポックと呼びます）のトレーニングは

```
1 │ Flux.train!(loss, params(model),data, opt)
```

で実行できます。

7.1.2.22 │ BenchmarkTools

　コードの経過時間を測るパッケージです。何度か繰り返し実行することで平均時間などを測ってくれます。BenchmarkTools を使わなくても @time で経過時間を測定できますが、こちらは純粋にかかった時間を測定しますので、関数の1回目の呼び出しではコンパイルにかかった時間も入ってしまいます。@time の場合には複数回実行して自分で平均を調べることになりますが、BenchmarkTools の場合はその部分が自動化されています。このパッケージを使ったコードの最適化については後述します。

7.1.3 │ 関数

7.1.3.1 │ オプショナル引数とキーワード引数

　1日目でも触れましたが、関数 function は Julia の重要な機能の一つです。関数の引数には、普通の引数の他にオプショナル引数とキーワード引数があります。例えば、普通の引数の関数、オプショナル引数がついた関数、キーワード引数がついた関数をそれぞれ

```
 1 │ function tasu1(A,B)
 2 │     C = A+B
 3 │     return C
 4 │ end
 5 │ function tasu2(A,B,D=10)
 6 │     C = A+B+D
 7 │     return C
 8 │ end
 9 │ function tasu3(A,B;D=1000)
10 │     C = A+B+D
11 │     return C
12 │ end
```

と定義しますと、それぞれの呼び出し方は

```
1 │ function test()
2 │     A = 1
3 │     B = 2
```

```
 4      C = tasu1(A,B)
 5      println(C)
 6      C = tasu2(A,B)
 7      println(C)
 8      D = 100
 9      C = tasu2(A,B,D)
10      println(C)
11      C = tasu3(A,B)
12      println(C)
13      C = tasu3(A,B,D = 10000)
14      println(C)
15   end
16   test()
```

となります。オプショナル引数とキーワード引数はよく似ていますが、多重ディスパッチの挙動が違います。例えば、tasu2(A,B,D=10) は変数が三つの関数と認識されており、

```
1   function tasu2(A::T,B,D) where T <: Int
2       println("整数用")
3       C = A*B
4       return C
5   end
```

は多重ディスパッチによって A が整数のときに動作する関数として tasu2(A,B,D=10) に加えて定義できます。一方、キーワード引数を持つ tasu3(A,B;D=1000) は変数が二つの関数と認識されていますので、tasu3(A,B,D) を呼び出すには新しく変数が三つの tasu3 を定義しなければなりません。

7.1.3.2 | 無名関数

　関数は通常 f(x) = 2x や function f(x) で定義し、名前がついています。一方、わざわざ関数の名前をつけるまでもない場合もあります。そのような場合は無名関数を使います。無名関数の文法は

```
1   function tasu(D)
2       return (A,B) -> A + B + D
3   end
```

のように、「インプット」 -> 「アウトプット」という形で書きます。この関数 tasu(D) は返り値として関数を返しています。したがって、

```
 1  function test()
 2      A = 1
 3      B = 2
 4      D = 10
 5      D10 = tasu(10)
 6      D20 = tasu(20)
 7      println(D10(A,B))
 8      println(D20(A,B))
 9  end
10  test()
```

のように引数 D の値に応じて異なる挙動を示す関数を定義することができます。無名関数は他にも

```
 1  k = map(x -> 2*x,[1,2,3,4])
 2  println(k)
```

のように map 関数の第 1 引数に入れることで配列の各要素に演算させたり、

```
 1  b = filter(x -> x == 1,[1,2,3,4])
 2  println(b)
```

のように filter 関数の第 1 引数に入れることで、配列の要素をフィルタリングしたりできます。この場合は配列の各要素が x==1 だったら true を、そうでない場合には false を返す関数として x -> x == 1 を定義しています。

7.1.3.3 | 可変引数関数

Julia では関数の引数に任意の数の引数を取ることが可能です。そのためには ... を使います。例えば、

```
 1  function f(v,x...)
 2      println("v = $v")
 3      println("x = $x")
 4  end
 5  f(1)
 6  f(1,2)
 7  f(1,2,3)
```

のようにすることができます。逆に、配列のように順番に一つずつ取り出せる対象に対して ... をつけると、展開が行われ

```
1 │ y = [4,5,6]
2 │ f(1,y)
3 │ f(1,y...)
4 │ f(y...)
```

が可能です。f(1,y) は y という一つの配列が入ったことになり、f(1,y...) だと f(1,y[1],y[2],y[3]) となっています。そして、y(...) だと f(y[1],y[2],y[3]) となるので v が y[1] となります。

7.1.3.4 | 引数の扱いについての注意

Julia では、引数として関数に与えられる値はその値のコピーは発生しません。Fortran での配列の引数の取り扱いや C での参照渡しのようなものです。したがって、配列を引数として与えた場合、関数の中でその値を変更すると元の配列の値も変更されます。例えば、

```
1 │ function g!(x)
2 │     for i =1:length(x)
3 │         x[i] += i
4 │     end
5 │ end
6 │ a=[1,2]
7 │ println("before: a = $a")
8 │ g!(a)
9 │ println("after: a = $a")
```

とすると a が変更されていることがわかります。このように、引数が変更される場合には関数名の末尾に ! につけるのが Julia の慣例となっています。

他にも、インプットの引数を取り扱う場合に注意が必要な場合があります。このコードを実行してみてください。

```
 1 │ function g1(x, y)
 2 │     x += y # インプットのxは変更されない
 3 │     return x
 4 │ end
 5 │ function g2(x, y)
 6 │     x .+= y # インプットのxは変更される！
 7 │     return x
 8 │ end
 9 │ a = [10,20]
10 │ u = [100,200]
11 │ b = g1(a,u)
12 │ println("(a,b) = ($a,$b)")
13 │ c = [100,200]
```

```
14 │ d = g2(c,u)
15 │ println("(c,d) = ($c,$d)")
```

これを実行すると、関数 g1 の引数 a は変更されませんが、関数 g2 の引数 c は変更されていることがわかります。x += y というのは x = x + y の短縮形ですので、+= とすると左辺に新しい変数 x が定義されています。そのため、インプットの引数 x は変更されません。一方、x .+= y というものは . がついていますので各要素に代入する演算になっており、x[i] = x[i]+y を各要素で行っていることになります。ですので、すでにある x に代入することになり、引数の x が変更されます。

　この二つは紛らわしいですから、引数 x を変更したい場合には関数名に！をつけて g2! とするのが安全です。また、左辺に変数を用意すると . がついていない場合は基本的に新しい変数になると覚えておくとよいでしょう。

7.1.3.5 | スカラー値引数の受け渡しに関する注意
　もし引数がスカラー値の場合、上記で述べたような「関数内部での引数の書き換え」はできませんので気をつけてください。例えば、

```
1 │ function k(a,b)
2 │     a += b
3 │ end
4 │ a = 4
5 │ b = 5
6 │ k(a,b)
7 │ println(a)
```

とすると、表示される a の値は 4 です。これは Julia が pass-by-sharing という方式の引数の扱いをしているからです。この概念は少しわかりにくいですが、実用上は「プリミティブ型（Float64 や Int64 など）は引数の値がコピーされ、他の型（配列 Array{Float64} など）はコピーされずに参照渡しされる」と覚えておけば問題ありません。Float64 などのデータ量の小さい型はコピーしてしまって、配列などのデータ量が大きくなりうる型ではコピーせず参照で渡しているために、パフォーマンスが落ちないようになっています。スカラー値の引数を変更して引き渡したい場合は、return の部分にその変数を書いてしまい、返り値として取得するのがよいでしょう。

7.1.3.6 | 演算子の多重ディスパッチ
　自分で定義した独自型の演算を定義したいこともあると思います。例えば、

```
1 │ mutable struct Point
2 │     x::Float64
```

```
3          y::Float64
4     end
```

という **Point** 型を定義したときに、

```
1   function test()
2       r1 = Point(1,2)
3       r2 = Point(3,4)
4       r3 = r1+r2
5   end
6   test()
```

のように **Point** 型同士の足し算をやりたいとき、足し算は定義できていませんからこのままではエラーが出ます。足し算を定義するには演算子 + を多重ディスパッチで定義しておけばよく、

```
1   function Base.:+(r1::Point,r2::Point)
2       return Point(r1.x+r2.x,r1.y+r2.y)
3   end
```

とします。これで、引数の型が **Point** のときはこの関数が呼ばれることになります。演算子 + は **Base** パッケージに入っており、: を前につけることを忘れないでください。

　演算子には、足し算のように左から順番に計算していって問題ないもの 3 + 4 + 5=12 と、掛け算のように足し算より先に計算しておくもの 3 + 2*10=23 があります。自分の定義した独自型の演算がどちらにしたいかは演算子の種類で決まります。「+ のような働き方をする演算子」として、

```
+ - ⊕ ⊖ ⊞ ⊟ ∪ ∨ ⊔ ± ∓ ∔ ∸ ≏ ⊻ ⊽ ∨ ⊎ ⊹ ⊌ ⩏ ⨥ ⨦ ⨧ ⨨
⨪ ⨭ ⨮ ⩌ ⩐ ⨢ ⨣ ⨤ ⩆ ⊍ ⊎ ⩊ ⩌ ⩋ ⊍ ⩒ ⩔ ∨ ⩖ ⩘ ⩚ ⩜ ⊽ ⩢ ⩡
```

があり、「* のような働き方をする演算子」として

```
* / ÷ % & · ∘ × ∩ ∧ ⊗ ⊘ ⊙ ⊚ ⊛ ⊠ ⊡ ⊓ ∗ · ≀ ℘ ⅋ ⊼ · · ⁂
⨟ ⨠ ⨡ ⨰ ⨱ ⩀ ⩟ ⊕ ⊙ ⊗ ⊚ ⊙ ⅂ ⫛ ⩞ ⨳ ⨴ ⨵ ⦾ ⦿ ⊝ ⊗ ⊕ ⩑
⨼ ⨽ ⩃ ⩄ ⩂ ⩁ ⩎ ⩍ ⨇ ⨈ ⩓ ⩕ ∧ ⨝ ⨟ ⫤ ⫧ ⩘ ▷ ⋈ ⋉ ⋊ ⋇
```

があります。**function** を使わずにシンプルに定義したいときは

```
⊕(x,y) = x * y
```

のように演算子の前と後ろの変数をそれぞれ第1引数と第2引数とします。

7.1.4 | モジュール

　Juliaで簡単な数値計算を行う場合には、functionだけ使っていれば問題ありません。しかし、少しコードの規模が大きくなったり複雑になってくると、モジュールmoduleを使った方が遥かに便利になります。moduleは機能ごとに関数をまとめたものです。moduleは例えば、

```julia
1  module Test1
2      export Point2D
3      mutable struct Point2D
4          x::Float64
5          y::Float64
6      end
7      mutable struct Point3D
8          x::Float64
9          y::Float64
10         z::Float64
11     end
12     function Base.:+(r1::Point2D,r2::Point2D)
13         return Point2D(r1.x+r2.x,r1.y+r2.y)
14     end
15     function Base.:+(r1::Point3D,r2::Point3D)
16         return Point3D(r1.x+r2.x,r1.y+r2.y,r1.z+r2.z)
17     end
18 end
```

のように定義しまして、

```julia
1  using .Test1
2  function test()
3      r1 = Point2D(1,2)
4      r2 = Point2D(2,4)
5      println(r1+r2)
6      r1 = Test1.Point3D(1,2,3)
7      r2 = Test1.Point3D(2,4,6)
8      println(r1+r2)
9  end
10 test()
```

のように用います。なお、moduleは慣例として最初の1文字を大文字にします。自前のmoduleの場合、usingするときに先頭にドット.をつけるのを忘れないでください。これはファイルシステムと似たもので、.だとその場所に定義されたモジュール、..だとそれより一つ上の場所で定義されたモジュールになります。exportで指示した関数や独自型はモジュール名なしで呼べま

す（Point2D を参照）。一方、export なしの場合にはモジュール名.関数あるいはモジュール名.型
で呼べます（Point3D を参照）。もし export がついていない関数や独自型をモジュール名なし
で呼びたい場合は、using の代わりに import を用いて、

```
 1  import .Test1:Point2D,Point3D
 2  function test()
 3      r1 = Point2D(1,2)
 4      r2 = Point2D(2,4)
 5      println(r1+r2)
 6      r1 = Point3D(1,2,3)
 7      r2 = Point3D(2,4,6)
 8      println(r1+r2)
 9  end
10  test()
```

とすることができます。非常によく使う関数などは export を使ってモジュール名なしで呼び出
した方がコードの可読性が良くなるかもしれませんが、複雑なコードになってきた場合には
import を使ってはっきりとモジュール名なしで呼び出す関数を指定した方が、どの関数がどのモ
ジュールにあるのかがわかりやすくなります。もちろん、export を使わずに using を使って常
にモジュール名をつけて呼び出しても構いません。

別のファイルに書かれたモジュールを参照する場合には

```
 1  include("test.jl")
 2  using .Test1
```

のように include を使うと便利です。

モジュールの中でモジュールを定義することも可能です。例えば自分が作りたいパッケージを一
つのモジュールとして、

```
 1  module Supergoodmodule
 2      include("supersekibun.jl")
 3      include("superbibun.jl")
 4
 5      import .Supersekibun:sekibun
 6      import .Superbibun:bibun
 7      export sekibun,bibun
 8  end
 9  using .Supergoodmodule
```

のようなモジュールを作っておいて、ファイル supersekibun.jl と superbibun.jl に
Supersekibun と Superbibun と言うモジュールをそれぞれ定義します。そして、その中の関数

を import で取り出して Supergoodmodule で export することで、sekibun や bibun は Supergoodmodule モジュールの関数としてモジュール名なしで呼び出すことができるようになります。このように書くとこの Supergoodmodule が使える関数が sekibun と bibun であることがすぐにわかりますので、コードの可読性が上がります。

7.1.5 | グラフのプロット

これまで、計算結果のプロットには Plots パッケージを使ってきました。このパッケージの他には Makie.jl という 3D 表示が綺麗なパッケージもあります。

Makie を使う場合には、プロットのバックエンドと呼ばれるものをインストールして使うことになります。バックエンドには GLMakie や CairoMakie があります。詳しくは Makie.jl のドキュメントページを見てください。インストールするには、例えば、add GLMakie や add CairoMakie とします。

物理ではエネルギー分散の等高面をプロットすることがあります。例えば、電子のフェルミ面はエネルギー分散がゼロの面です。これをプロットするには、

```
 1  using GLMakie
 2  function test(x, y, z)
 3      return cos(x)+cos(y)+cos(z)
 4  end
 5  x = range(-π, stop = π, length = 100)
 6  y = x
 7  z = x
 8  scene = Scene()
 9  contour!(scene, x, y, z, test, levels = [0], alpha = 0.3)
10  save("tb.png",scene)
```

のようにします。levels は描きたい等高面の値を指定します。levels=6 などと数字を指定すると値ではなく等高面の数を指定できます。alpha は透過率です。

Makie.jl の他には、Python の matplotlib を使うパッケージである PyPlot.jl というパッケージもあります。グラフのプロットに関しては非常に多彩な方法がありますので、適宜検索して調べてみてください。

7.1.6 | マクロ

Julia のマクロは非常に強力な機能の一つです。使いこなすことで多彩なことができるようになりますが、物理系の数値計算をする上では自力でマクロを定義することはないと考え、本書では既存のマクロの利用（時間測定の @time など）の解説にとどめています。マクロについて気になった方は巻末の参考文献を参照してください。

7.1.7 オブジェクト指向「的」プログラミング

ここでオブジェクト指向プログラミングの定義について述べることはしませんが、Julia でもオブジェクト指向「的」なコードを書くことができます。例えば、

```julia
module Mymodule
    export MyArray
    struct MyArray{T,N} <: AbstractArray{T,N}
        name::String
        a::Array{T,N}
    end

    function Base.size(A::MyArray)
        return size(A.a)
    end

    function Base.getindex(A::MyArray,i::Int)
        return A.a[i]
    end

    function Base.getindex(A::MyArray,I::Vararg{Int, N})   where N
        return A.a[I]
    end

    function setindex!(A::MyArray, v, i::Int)
        A.a[i] = v
    end

    function setindex!(A::MyArray, v, I::Vararg{Int, N}) where N
        A.a[I] = v
    end

    function Base.display(A::MyArray)
        println("name is ",A.name)
        display(A.a)
        println("\t")
    end
end
using .Mymodule
A = MyArray{Float64,2}("test",rand(3,3))
println(size(A))
display(A)
b = rand(3)
y = A*b
println(y)
```

というコードを見てみます。Python などのオブジェクト指向プログラミングであれば、あるオブジェクト A のサイズを知りたい場合には A.size() としますが、Julia では第 1 引数を引数の中に

入れて size(A) となります。引数が前にあるか後ろにあるかしか違いがありません。オブジェクト指向であれば「クラス MyArray のメソッドが size」と考えますが、Julia では「size という関数は型 MyArray を引数に持てる」とします。多重ディスパッチという機能がありますから、size は様々な型で同じ名前で定義されていても型ごとに異なる挙動をすることができます。

また、MyArray{T,N} <: AbstractArray{T,N} は「MyArray{T,N} の上位の型は AbstractArray{T,N}」ということを意味しており、オブジェクト指向の継承のような機能を有します。そのため、y = A*b のように行列とベクトルの積を計算することができます。ただし、AbstractArray として扱うために必要な最低限の関数というものが示されており、それが size、getindex、setindex! です。この三つが実装されていれば、AbstractArray{T,N} が対象の多くの関数を利用することができます（詳細は公式ドキュメント https://docs.julialang.org/en/v1/manual/interfaces/ にあります）。これらはオブジェクト指向とは考え方が違いますが、「A.size() が size(A) になっている」と考えれば機能的にはかなり似ています。

7.2 | 妙に遅いとき：高速化の方針

Julia で書いたコードは基本的には高速なコードです。これは関数を実行前に JIT コンパイルすることで型の情報等を活かした最適な LLVM コードにするからです。2回目以降の同じ関数の呼び出しはすでにコンパイル済みなので高速に実行されます。一方、書き方によっては「妙に遅い？」場合があります。しかし、ここに述べたいくつかの点に注意して書くことで、Julia らしい高速動作するコードを書くことができます。

7.2.1 | コードのベンチマークの基本

コードの高速化を行うためには、今のコードの実行時間を知るためのベンチマークが必要となります。

コードのベンチマークには @time マクロや BenchmarkTools.jl パッケージを用います。BenchmarkTools.jl パッケージは複数回実行することでその計算時間の平均をとってくれますから、1回の実行時間が短めのコードの最適化に向いています。1回の実行時間が長い場合には @time で時間を計測しコードの高速化を行う方がよいこともあるでしょう。BenchmarkTools.jl を使えば様々な情報が得られますが、ここでは簡単のため @btime マクロのみを使うこととします。

7.2.2 | 全部関数の中に入れる

この本では簡単なコードはたいてい function test() のような関数の中に定義し test() を呼び出しています。Julia で「妙に遅い？」原因でよくあるのは、関数を使わないせいで最適化が行われていない、というものです。逆に言えば、常にコードを関数の中に入れておけば、何らかの最適化がかかります。つまり、

```
1  function test()
2      s = 0.0
3      for i=1:1000
4          s += cos(i)
5      end
6      return s
7  end
8  test()
```

のように test() という関数を定義して関数を呼び出すようにコーディングしましょう。

7.2.3 | グローバル変数を使わず、値は全て引数で渡す

　Julia では global を使えばグローバル変数を使えますが、これは速度を著しく落とすので使わないでください。

　FORTRAN77 や Fortran 90 を使ったことがある方なら common 文を使ったグローバル変数を使ったコーディングをしたことがある人もいるでしょう。どのプログラミング言語であれ、グローバル変数を用いたコーディングは変数の変化を追いかけることが極めて難しくなりデバッグが困難になるため、現代ではあまり使われていません。Julia では、このコードの可読性の問題に加えて、グローバル変数によって最適化が妨げられコードのパフォーマンスが著しく下がるという問題がありますので、速度が重要となる科学技術計算ではグローバル変数を使わないようにコーディングしてください。

　例えば、

```
1  global t = Float64[1,2,3]
2  function test2()
3      s = 0.0
4      for i=1:1000
5          s += cos(i)
6          t .+= s.*sin.(i)
7      end
8      return s
9  end
```

のように定義した関数 test2() はグローバル変数 t を関数内で変更しています。これと同等のコードは

```
1  function test2!(t)
2      s = 0.0
3      for i=1:1000
4          s += cos(i)
5          t .+= s*sin.(i)
```

```
6      end
7      return s
8  end
```

です。Julia では入れた引数が変更を受ける場合には関数名の末尾に！をつけることが推奨されています。この **test2!(t)** は！がついていますから、入れた引数 **t** が関数内部で変更されることがわかります。それぞれの計算時間を測るコードは

```
 1  s = test2()
 2  println("s,t = $s,$t")
 3  global t = Float64[1,2,3]
 4  println("global")
 5  @btime s = test2()
 6
 7  t2 = Float64[1,2,3]
 8  @time s = test2!(t2)
 9  println("s,t = $s,$t2")
10  println("no global")
11  t2 = Float64[1,2,3]
12  @btime s = test2!($t2)
```

です。出力結果は例えば

```
1  s,t = 0.5379859612848843,[458.61720536140587, 459.61720536140575,
   460.61720536140587]
2  global
3    339.792 µs (3000 allocations: 93.75 KiB)
4    0.028863 seconds (246.16 k allocations: 15.243 MiB, 99.68%
   compilation time)
5  s,t = 0.5379859612848843,[458.61720536140587, 459.61720536140575,
   460.61720536140587]
6  no global
7    16.541 µs (0 allocations: 0 bytes)
```

のような形になります。実行時間が全然違う（**test2!(t)** の方が速い）ことがわかると思います。そして、メモリーアロケーションの数も大きく異なっています。基本的には、メモリーアロケーションの数が少なくなればなるほど計算は速くなります。

　なお、@btime マクロで時間計測を行う場合、すでにある変数を使うときにはその変数に $ をつけます。ここでは **t2** は @btime の上で定義していますので、@btime s = test2!($t2) という形で呼び出しています。

　もし、どうしても引数に **t** を入れたくない場合、つまり **test()** のような形で書きたい場合には、独自型を用いた Functor（ここでは返り値として関数を返す関数という意味）を使う方法もありま

す。例えば、

```
1  struct Test2
2      t::Array{Float64,1}
3      Test2(t)=new(t)
4  end
5  function (f::Test2)()
6      s = 0.0
7      for i=1:1000
8          s += cos(i)
9          @. f.t += s*sin(i)
10     end
11     return s
12 end
```

という独自型 Test2 と関数 (f::Test2)() を定義しておくと、

```
1  data = Test2([1,2,3])
2  @time s = data()
3  println("s,t = $s,$(data.t)")
4  data = Test2([1,2,3])
5  println("Functor")
6  @btime s = $data()
```

のように、data() という関数が使えるようになります。(f::Test2)() は独自型を関数のように使うための定義です。このコードを実行すると、

```
1    0.122003 seconds (669.71 k allocations: 38.431 MiB, 7.21% gc time,
     99.62% compilation time)
2  s,t = 0.5379859612848843,[458.61720536140587, 459.61720536140575,
     460.61720536140587]
3  Functor
4    34.041 μs (0 allocations: 0 bytes)
```

となり、引数ありの test2!(t) よりは若干遅いですが、グローバル変数を使うよりも明らかに速いです。

7.2.4 | 独自型のフィールドでは抽象型を避ける

自分で定義した型のフィールドにははっきりと使用する型の情報を書いた方が高速に動作します。つまり、Real や Number などの抽象型（型のヒエラルキーの一番下ではない型）ではなく、Float64 などの型を使うべきです。例えば、

```
1  struct Mytype
2      a
3  end
```

という独自型のフィールドの値aはどんな型でも入るようにAny型になってしまっています。こ
れだと実行時にしか型がわからず、コンパイルによる高速化ができません。しかし、

```
1  struct Mytype
2      a::Array{Real,1}
3  end
```

も同等に遅いです。なぜなら、Real には Float64 や Float32 が入りうるために型が確定して
いないからです。速度の差を見てみるために、

```
1   using BenchmarkTools
2   struct Mytype
3       a::Array{Real,1}
4   end
5   struct Mybettertype
6       a::Array{Float64,1}
7   end
8   struct Myparametrictype{T}
9       a::Array{T,1}
10  end
11
12  function test(mytype)
13      n = 10000
14      for i=1:n
15          mytype.a[i] = cos(i*mytype.a[i])
16      end
17      return sum(mytype.a)
18  end
19
20  n = 10000
21  a = ones(Float64,n)
22  mytype1= Mytype(a)
23  mytype2= Mybettertype(a)
24  mytype3= Myparametrictype{Float64}(a)
25
26  @time s1 = test(mytype1)
27  println("s1 = $s1")
28  @btime s1 = test($mytype1)
29  @time s2 = test(mytype2)
30  println("s2 = $s2")
31  @btime s2 = test($mytype2)
```

```
32   @time s3 = test(mytype3)
33   println("s3 = $s3")
34   @btime s3 = test($mytype3)
```

を実行してみてください。明白な差がわかると思います。なお、独自型のフィールドの型をあらか
じめ決めておきたくない場合には、Myparametrictype{T} のようにパラメトリック型を導入す
るとよいでしょう。

7.2.5 | 関数はなるべく細かく分ける

Julia では関数ごとにコンパイルを行うため、機能ごとに関数を作って呼び出した方が最適化が
うまく効いて速くなる場合があります。

7.2.6 | あまりにもたくさん呼ぶ関数はインライン展開をする

上とは逆に for ループ内でものすごい回数呼び出す関数の場合、関数の呼び出しにかかる時間
のせいで遅くなってしまう場合があり、そのような場合には関数の定義の前に @inline をつける
と改善されます。

7.2.7 | 基本原則：なるべく型が推測できるようにコードを書く

以上で述べたの高速化の Tips は、実は基本的にはこの原則に従うための方法です。Julia では関
数単位でコンパイルされ、そのコンパイル時に変数の型がはっきりと推測できると高速に動作する
コードができます。多重ディスパッチで複数定義された同じ名前の関数は、引数の型が異なると異
なるコードとして別々にコンパイルされ、型に応じてそれぞれが呼び出されます。ですので、一つ
の関数の中で変数の型がちゃんと推測でき、かつ最後まで同じとなっていると高速なコードになり
ます。

コードがちゃんとこの基本方針に沿っているか調べる方法があります。それは InteractiveUtils.jl
というパッケージの @code_warntype というマクロを使う方法です。いつものように] キーを押
して add InteractiveUtils でパッケージをインストールしてください。

7.2.7.1 | 一つの関数の中で変数の型を変化させない

変数の型をはっきりさせる、というためには、途中で変数の型を変更しないことも重要です。例
えば、

```
1   function testint(n)
2       x = 1
3       for i=1:n
4           x += 1/i
5       end
6       return x
```

```
 7   end
 8   function testfloat(n)
 9       x = 1.0
10       for i=1:n
11           x += 1/i
12       end
13       return x
14   end
15   n = 10000
16   @time s = testint(n)
17   println("s = $s")
18   @btime s = testint($n)
19   @time s = testfloat(n)
20   println("s = $s")
21   @btime s = testfloat($n)
```

という二つの関数の実行時間を測ってみますと、testint(n) の方が遅いです。これは、testint(n) では x=1 は整数なのに for ループの中では実数になっているからです。これを @code_warntype を使って見てみるには、以下のようにします。

```
 1   @code_warntype testint(n)
```

実行結果は下の図 7.1 のようになります。ここで、Union{Float64, Int64} の部分が赤色になっているのがわかります。Union{A,B} というのは、A か B かどちらかの型、を意味する型です。つまり、変数 x は型が確定していませんので、最適なコードになっていません。そのために、計算が少し遅くなってしまっています。@code_warntype testfloat(n) を実行し、その結果と比べてみましょう。

```
Variables
  #self#::Core.Const(testint)
  n::Int64
  @_3::Union{Nothing, Tuple{Int64, Int64}}
  x::Union{Float64, Int64}
  i::Int64

Body::Union{Float64, Int64}
1 ─       (x = 1)
  │   %2  = (1:n)::Core.PartialStruct(UnitRange{Int64}, Any[Core.Const(1), Int64])
  │         (@_3 = Base.iterate(%2))
  │   %4  = (@_3 === nothing)::Bool
  │   %5  = Base.not_int(%4)::Bool
  └──       goto #4 if not %5
2 ┄ %7  = @_3::Tuple{Int64, Int64}::Tuple{Int64, Int64}
  │         (i = Core.getfield(%7, 1))
  │   %9  = Core.getfield(%7, 2)::Int64
  │   %10 = x::Union{Float64, Int64}
  │   %11 = (1 / i)::Float64
  │         (x = %10 + %11)
  │         (@_3 = Base.iterate(%2, %9))
  │   %14 = (@_3 === nothing)::Bool
  │   %15 = Base.not_int(%14)::Bool
  └──       goto #4 if not %15
3 ─       goto #2
4 ─       return x
```

図 7.1 | 型情報

7.2.8 ┃ 配列はメモリの順番にアクセスする（左側の引数を先に回す）

　これは Julia に限らない高速化手法です。変数というのはメモリの上に格納されているわけですから、メモリ上で近い順にアクセスした方が高速に実行できます。Julia では Fortran と同じような列ベースで配列が格納されています（C や Python は行ベース）。つまり、a[i,j] という 2 次元配列があった場合、a[1,1]、a[2,1]、a[3,1]... という順番でメモリ上に並んでいますので、for ループで配列にアクセスする場合には一番内側のループは i であった方が速いです。

7.2.9 ┃ メモリーアロケーションに注意する

　Julia で計算が思ったより遅くなっている場合は、たいていメモリーアロケーションが予想よりも増えているときです。メモリーアロケーションを調べるには、@time や @btime を使います。@time の場合は 1 回目の呼び出しは関数のコンパイルなどの作業が入っていますので、@time で 2 回同じ関数を読んで 2 回目の値を見ます。@btime であればそのまま見て構いません。独自型 Mytype や Mybettertype についてのベンチマークを行ったとき、Mytype に関しては @btime の出力結果は

```
1 | 1.326 ms (58977 allocations: 921.52 KiB)
```

となり、Mybettertype の場合は

```
1 | 186.084 µs (0 allocations: 0 bytes)
```

となっていました。ここで 58977 allocations のようにメモリーアロケーションが妙に大きいときは、たいてい何かが原因で速度が遅くなっています。ですので、@time や @btime を実行しメモリーアロケーションの量を見ることで不必要な速度の低下を調べることができます。

7.2.9.1 ┃ 配列のスライスの使用に注意する

　メモリーアロケーションの問題として気がつきにくい例として、配列のスライスの使用によるメモリアロケーションの増加があります。Julia では、a[2:8] のように指定すると配列の要素のうち 2 から 8 までを取り出すことができます。このような配列の取り出し方をスライスと呼びます。そして、Julia では、等号の右辺で配列のスライスを使った場合、値のコピーを行います。つまり、メモリーアロケーションとメモリーコピーを行いますので、大量にスライスを生成すると計算が遅くなります。例えば、

```
1 | using BenchmarkTools
2 | using InteractiveUtils
3 | function test(a,n)
4 |     b = zeros(Float64,3)
5 |     c = cos.(b)
```

```
 6        for i=1:3:n-2
 7            @. b[:] += cos(a[i:i+2])
 8        end
 9        return sum(b)
10    end
11    n = 10000
12    a = rand(Float64,n)
13    s1 = test(a,n)
14    println("s1 = $s1")
15    @btime s1 = test($a,$n)
```

というコードを実行しますと、

```
1    s1 = 8435.09133185995
2      321.416 μs (6667 allocations: 729.20 KiB)
```

という結果が得られます。6667 回メモリーアロケーションがある、とありますが、これは b = zeros(Float64,3) で 1 回、@. b[:] += cos(a[i:i+2]) で 6666 回のメモリーアロケーションです。for ループ内では a[i:i+2] で 1 回、cos 関数が作用されてできた配列で 1 回の計 2 回となっており、全部で 6667 回となっています。Python とは異なり Julia では for ループは遅くありませんので、このコードは

```
1    function testfor(a,n)
2        b = zeros(Float64,3)
3        for i=1:3:n-2
4            for k=1:3
5                b[k] += cos(a[i+k-1])
6            end
7        end
8        return sum(b)
9    end
```

のようにはっきりと for ループを書く形に書き直せば

```
1    sfor = 8417.824935457349
2      79.542 μs (1 allocation: 112 bytes)
```

となり、for ループ内のメモリーアロケーションをゼロにすることができ、計算速度も上がります。
　なお、このように for ループ内で配列のスライスを使う場合には、直接添字を回した方が速いことが多いです。一方、for ループをたくさん書くとコードが少し見づらくなりますので、

```
1   @inline function cosb!(b,a,i)
2       for k=1:3
3           b[k] += cos(a[i+k-1])
4       end
5   end
6
7   function testfor2(a,n)
8       b = zeros(Float64,3)
9       for i=1:3:n-2
10          cosb!(b,a,i)
11      end
12      return sum(b)
13  end
```

としてもよいかもしれません。

7.3 さらに速く：並列計算をする

　Julia で数値計算をするとき、その計算が非常に大変な場合はよくあるでしょう。一番よくありそうなものは、for ループによって何かを計算することです。例えば、波数空間上で定義されたハミルトニアンから何らかの物理量を計算するには波数による積分が必要になる場合が多いですが、このような場合は波数を細かく刻んで和を取ることになったりします。

　最近のコンピュータは、ノート PC ですら CPU 内に複数のコアを持っていることが当たり前になっていますから、複数の CPU コアに異なる処理を行わせることができれば、数値計算の時間の短縮になります。また、クラスター計算機やスーパーコンピュータでは複数台のコンピュータが接続されており、たくさんの CPU コアを同時に使うことが可能です。このように、たくさんの CPU コアを使って数値計算を行うことを並列計算と呼びます。

　Fortran や C 言語などの他のプログラミング言語で数値計算を行う場合、2 種類の並列計算方法がよく使われます。メモリを共有したマシン（共有メモリ型マシン）上で行われる OpenMP と、メモリを共有していないマシン（分散メモリ型マシン）上で行われる MPI が有名です。前者をスレッド並列、後者をプロセス並列、と呼ぶことが多いです。これらの並列計算方法の他に、CPU ではなく GPU（Graphics Processing Unit）を用いた GPU 並列計算と呼ばれるものもありますが、本書では GPU については触れません。

　Julia でも他の言語と同様にスレッド並列とプロセス並列が可能です。しかも、並列計算が基本的機能として実装されているために非常に簡単に使うことができます。

　Julia の並列プログラミングでは様々な機能が実装されているのですが、本節では数値計算に有用な機能に絞って紹介することとします。

7.3.1 | スレッド並列（OpenMP相当）

　数値計算で並列計算をしたい場合の多くは for ループを並列に実行したい場合でしょう。まず、単純な for ループを並列化するには、Threads.@threads を for ループの前につけるだけです。例えば、

```julia
using Base.Threads
using BenchmarkTools
@show nthreads()

function heavycalc(i)
    c = 0.0
    for j=1:1000
        c += cos(i*j)
    end
    return c
end

function test()
    n = 100
    a = ones(Float64,n)
    Threads.@threads for i = 1:n
        a[i] = heavycalc(i)
    end
    return sum(a)
    #println(a)
end
a = test()
println(a)
@btime test()
```

というコードは並列で for を動かすことができます。4並列でスレッド並列をしたい場合には、julia -t 4 のような形で t オプションをつけます。このコードを普通に実行すると

```
nthreads() = 1
-107.35290535906697
  1.221 ms (7 allocations: 1.34 KiB)
```

となりますが、4並列にすると

```
nthreads() = 4
-107.35290535906697
  328.833 μs (22 allocations: 2.48 KiB)
```

となり、時間が約 1/4 になり高速化していることが分かります。

　次に、for ループではない場合についてです。Threads.@spawn を使いますと、「空いている

スレッドに適当に計算を投げる」ということが可能となります。例えば、

```
1   function superheavycalc(i)
2       println("id = ", threadid())
3       c = 0.0
4       for j=1:100000*100
5           c += cos(i*j)
6       end
7       return c
8   end
9
10  function test2()
11      task1 = Threads.@spawn superheavycalc(1)
12      task2 = Threads.@spawn superheavycalc(2)
13      task3 = Threads.@spawn superheavycalc(3)
14      task4 = Threads.@spawn superheavycalc(4)
15      a = fetch(task1)+fetch(task2)+fetch(task3)+fetch(task4)
16      return a
17  end
```

のように 4 回何かの関数を呼んだとします。このとき、あるスレッドで **task1** を実行しますが、この結果が返ってくるのを待たずに別のスレッドで **task2** を実行されます。もし 4 スレッド使える場合には 4 個同時に計算が開始されることになります。

　計算結果は **task1** などに入っていますが、その値を取ってくる場合には **fetch** が必要です。もし **fetch** を使ったときに計算が終わっていない場合には計算が終わってから値が入ることになります。

7.3.2 ┃ プロセス並列（MPI相当）

　上で述べたスレッド並列はメモリー共有型の並列計算ですので、同じ計算機の複数の CPU コアでの並列や、クラスター計算機の 1 つの計算ノード内での並列に使うことができます。一方、クラスター計算機の他のノードやスーパーコンピュータでの計算の場合、メモリーはノード間で共有されていないために、スレッド並列を行うことができません。このような場合はプロセス並列というものを使います。スレッド並列とプロセス並列を組み合わせたハイブリッド並列という並列手法もありますが（スーパーコンピュータではよく使われていますが）、この本では述べません。

　プロセス並列の並列計算には Distributed.jl パッケージを使用します。プロセス並列にもいろいろな方法（Task と Channel を使用する方法など）がありますが、ここでは数値計算で使えるような手軽な方法として **pmap** のみを紹介したいと思います。

　まず、Julia には **map** という関数があります。これは、

```
1   function test()
2       n = 100
```

```
3      b = map(i -> 2*i,1:n)
4      return b
5  end
6  test()
```

のように使います。map(i -> 2*i,1:n) は i が 1 から n まで動きながら関数 i -> 2*i を実行し、その結果を配列として格納する、というものです。ある関数をまとめて計算したい場合には、

```
1  using BenchmarkTools
2  function superheavycalc(i)
3      c = 0.0
4      for j=1:100000*1000
5          c += cos(i*j)
6      end
7      return c
8  end
9
10 function test()
11     b = map(i -> superheavycalc(i),1:4)
12     return b
13 end
14 b = test()
15 println(b)
16 @btime test()
```

のようにします。この場合には、i は 1 から 4 まで動きますので、計算結果は長さ 4 の配列として b が得られます。

これを並列計算で実行してくれる関数は pmap です。この関数は Distributed.jl パッケージに入っています。パッケージのインストールはいつものように REPL で] キーを押してパッケージモードにして、add Distributed とします。上のコードの並列実行版は

```
1  using Distributed
2  using BenchmarkTools
3
4  @everywhere function superheavycalc(i)
5      c = 0.0
6      for j=1:100000*1000
7          c += cos(i*j)
8      end
9      return c
10 end
11
12 function ptest()
13     b = pmap(i -> superheavycalc(i),1:4)
14     return b
```

```
15  end
16
17  b = ptest()
18  println(b)
19  @btime ptest()
20  @time ptest()
```

となります。違いは map が pmap になったことと、superheavycalc(i) の前に @everywhere がついたことだけです。このコードを並列に実行するには、julia -p 4 pmap.jl のように p オプションをつけます。クラスター計算機などでジョブ管理システムを使って並列計算を行う場合には、julia --machine-file=$PBS_NODEFILE pmap.jl のように machine-file オプションをつけます。

7.3.3 | プロセス並列（MPI.jlを使用）

　これまで他のプログラミング言語で MPI を使って並列計算を行ってきた方の場合、Julia の並列プログラミングの方法について慣れていない場合があると思います。そのような場合のために、Julia には MPI.jl というパッケージが用意されています。このパッケージを使えば、他のプログラミング言語と同様に MPI を Julia で使うことができます。基本的には add MPI でパッケージをインストールすることができますが、もともとインストールされている MPI をはっきりと指定するには、REPL で ENV["JULIA_MPI_PATH"] = "/usr/local/Cellar/open-mpi/4.1.1_2" のように MPI が入っているディレクトリを指定してから add MPI をする必要があります。

　MPI.jl の使用例として、以下のコード

```
1  function test_0()
2      N=100
3      wa = 0
4      for i=1:N
5          wa += i^2
6      end
7      println("sum = $wa")
8      return wa
9  end
10 test_0()
```

を並列化してみることにします。MPI についてここでは詳しく述べません。コードは

```
1  using MPI
2
3  function test()
4
5      comm = MPI.COMM_WORLD
```

```
 6        nprocs = MPI.Comm_size(comm)
 7        myrank = MPI.Comm_rank(comm)
 8
 9        N=100
10        ista,iend,nbun = start_and_end(N,comm)
11        wa = 0
12        for i=ista:iend
13            wa += i^2
14        end
15        println("$myrank: pertial sum = $wa")
16        wa = MPI.Allreduce(wa,MPI.SUM,comm)
17        println("$myrank: sum = $wa")
18        return wa
19    end
20
21    function start_and_end(N,comm)
22        nprocs = MPI.Comm_size(comm)
23        myrank = MPI.Comm_rank(comm)
24        if N % nprocs != 0
25            println("error! N%procs should be 0.")
26        end
27        nbun = div(N,nprocs)
28        ista = myrank*nbun+1
29        iend = ista + nbun-1
30        return ista,iend,nbun
31    end
32
33    MPI.Init() # MPI初期化
34    test()
35    MPI.Finalize() #MPI終了
```

となりますが、ポイントは、Fortran や C で MPI を使うときとほぼ同等の形で MPI を使える、という点です。例えば、MPI の初期化には `MPI.Init()`、プロセス数が欲しい場合には `MPI.Comm_size(MPI.COMM_WORLD)`、AllReduce であれば、`MPI.Allreduce(wa,MPI.SUM,MPI.COMM_WORLD)` のようになります。普通の MPI の命令と同じ名前ですので、MPI を使ったことがある人であれば簡単に扱えるでしょう。このコードは `mpirun` を用いて `mpirun -np 4 julia mpitest.jl` のような形で実行します。

| 参考文献 | **さらに深く学ぶためのブックガイド** |

本書は物理系の数値計算プログラミングで必要となる機能を主に解説しており、Julia言語の全体像を記述したものではありません。Julia の基本的機能が網羅的に記述してある本としては

進藤裕之、佐藤建太
『1 から始める Julia プログラミング』
コロナ社、2020

がおすすめです。この本を側に置きながら本書を読み進めるとより Julia の勉強が捗ると思います。

書籍ではありませんが、Julia 公式の Web サイトのドキュメント

https://docs.julialang.org/en/v1/

は詳細な Julia の機能の説明が含まれていますので、何かわからないことがあればこのドキュメントを見てみるとよいと思います。

Julia について一通り学んだ後、オブジェクト指向ではないプログラミングをどのように書くのがよいかと迷っている方であれば、

Tom Kwong
『Hands-On Design Patterns and Best Practices with Julia: Proven solutions to common problems in software design for Julia 1.x』
Packt Publishing, 2020

という洋書がおすすめです。コードをどう書くのかという「デザインパターン」を Julia でやる場合どうするのがよいのか、ということが書かれています。

5 日目の前半に実装した内容は

大沢文夫
『大沢流 手づくり統計力学』
名古屋大学出版会、2011

を参考にしました。こちらにはより詳細な解説が述べられています。

著者紹介

永井佑紀
（ながい ゆうき）

1982年、北海道生まれ。2005年、北海道大学工学部応用物理学科
卒業。2010年、東京大学大学院理学系研究科物理学専攻博士課程修
了。博士（理学）。2010年より国立研究開発法人日本原子力研究開
発機構システム計算科学センター研究員、この間、米国マサチュー
セッツ工科大学物理学科客員研究員、国立研究開発法人理化学研究
所革新知能統合研究センター客員研究員を経て、現在、国立研究開
発法人日本原子力研究開発機構副主任研究員。専門は物性理論。

NDC 007　　254p　　24 cm

1週間で学べる！ Julia 数値計算プログラミング
（しゅうかん まな　ジュリア すう ち けいさん）

2022年　6月21日　第1刷発行
2023年　6月15日　第2刷発行

著　者　永井佑紀
　　　　（ながい ゆうき）
発行者　髙橋明男
発行所　株式会社　講談社
　　　　〒112-8001　東京都文京区音羽2-12-21
　　　　　　販　売　(03)5395-4415
　　　　　　業　務　(03)5395-3615

編　集　株式会社　講談社サイエンティフィク
　　　　代表　堀越俊一
　　　　〒162-0825　東京都新宿区神楽坂2-14　ノービィビル
　　　　　　編　集　(03)3235-3701

本文データ制作　株式会社双文社印刷
印刷・製本　株式会社ＫＰＳプロダクツ

ISBN 978-4-06-528282-3

講談社の自然科学書

機械学習プロフェッショナルシリーズ

機械学習のための確率と統計	杉山 将／著	定価 2,640 円
深層学習 改訂第2版	岡谷貴之／著	定価 3,300 円
オンライン機械学習	海野裕也・岡野原大輔・得居誠也・徳永拓之／著	定価 3,080 円
トピックモデル	岩田具治／著	定価 3,080 円
統計的学習理論	金森敬文／著	定価 3,080 円
サポートベクトルマシン	竹内一郎・烏山昌幸／著	定価 3,080 円
確率的最適化	鈴木大慈／著	定価 3,080 円
異常検知と変化検知	井手 剛・杉山 将／著	定価 3,080 円
劣モジュラ最適化と機械学習	河原吉伸・永野清仁／著	定価 3,080 円
スパース性に基づく機械学習	冨岡亮太／著	定価 3,080 円
生命情報処理における機械学習	瀬々 潤・浜田道昭／著	定価 3,080 円
ヒューマンコンピュテーションとクラウドソーシング	鹿島久嗣・小山 聡・馬場雪乃／著	定価 2,640 円
変分ベイズ学習	中島伸一／著	定価 3,080 円
ノンパラメトリックベイズ	佐藤一誠／著	定価 3,080 円
グラフィカルモデル	渡辺有祐／著	定価 3,080 円
バンディット問題の理論とアルゴリズム	本多淳也・中村篤祥／著	定価 3,080 円
ウェブデータの機械学習	ダヌシカ ボレガラ・岡﨑直観・前原貴憲／著	定価 3,080 円
データ解析におけるプライバシー保護	佐久間 淳／著	定価 3,300 円
機械学習のための連続最適化	金森敬文・鈴木大慈・竹内一郎・佐藤一誠／著	定価 3,520 円
関係データ学習	石黒勝彦・林 浩平／著	定価 3,080 円
オンライン予測	畑埜晃平・瀧本英二／著	定価 3,080 円
画像認識	原田達也／著	定価 3,300 円
深層学習による自然言語処理	坪井祐太・海野裕也・鈴木 潤／著	定価 3,300 円
統計的因果探索	清水昌平／著	定価 3,080 円
音声認識	篠田浩一／著	定価 3,080 円
ガウス過程と機械学習	持橋大地・大羽成征／著	定価 3,300 円
強化学習	森村哲郎／著	定価 3,300 円
ベイズ深層学習	須山敦志／著	定価 3,300 円

※表示価格は消費税（10%）込みの価格です。 「2022年6月現在」

講談社サイエンティフィク　https://www.kspub.co.jp/